亭台廊桥

居住的经营艺术

白军芳 编著

陕西新华出版传媒集团
未来出版社

图书在版编目（C I P）数据

亭台廊桥：居住的经营艺术/白军芳编著.--西安：未来出版社，2018.5

（中华文化解码）

ISBN 978-7-5417-6616-9

Ⅰ.①亭… Ⅱ.①白… Ⅲ.①古建筑－建筑艺术－研究－中国 Ⅳ.①TU-092.2

中国版本图书馆CIP数据核字（2018）第096970号

亭台廊桥——居住的经营艺术

TINGTAILANGQIAO——JUZHU DE JINGYING YISHU

选题策划	高　安　马　鑫
责任编辑	陈　艳
装帧设计	陕西年代文化传播有限公司
出版发行	陕西新华出版传媒集团　未来出版社
	地址：西安市丰庆路91号　邮编：710082
经　　销	全国新华书店
印　　刷	陕西天丰印务有限公司
开　　本	880mm × 1230mm　1/32
印　　张	5
版　　次	2018年8月第1版
印　　次	2018年8月第1次印刷
书　　号	ISBN 978-7-5417-6616-9
定　　价	17.00元

总序

中华民族的历史源远流长，从刀耕火种之始，物质文化便与精神文化相辅相成，一路扶持，共同缔造了博大精深的中华文化。这不仅使古代的中国成为东亚文明的象征，而且也为人类文明史增添了一大笔宝贵的遗产。在中国的传统文化中，物质文化以其贴近人类生活，丰富多彩和瑰丽璀璨的特点，集艺术与实用为一体，或华丽，或秀雅，或妩媚，或质朴，或灵动，或端庄，而独步于世界文化之林，古往今来备受东西方瞩目。“中华文化解码”丛书以通俗流畅、平实生动的文字，为我们展示了传统文化中一幅幅精美的图画。

上古时代，青铜文化在中原地区兴起，历经夏、商、西周和春秋，约 1600 年。其间生产工具如耒、铲、锄、镰、斧、斤、锛、凿等，兵器如戈、矛、戟、刀、剑、钺、镞等，生活用具如鼎、簋、鬲、簠、盨、敦、壶、盘、匜、爵等，乐器如铙、钟、镈、铎、句鑃、錞于、铃、鼓等，在青铜时代大都已出现了。西周初期，为了维护宗法制度，周公制礼作乐，提倡“尊尊”“亲亲”，一些日常生活中所用的器物逐渐演变成体现社会等级身份的“礼器”——或用于祭祀天地祖先，或用于朝觐宴饮，身份不同，待遇不同，等级森严，不得逾越。王公贵族击鼓奏乐、列鼎而食，天子九鼎，诸侯七鼎，卿大夫、士依次递减，身份等级，斑斑可见。鼎、簋、鬲、簠等食器，铙、钟、镈、铎等乐器，演变成为贵族阶级权力的象征。以青铜器为象征符号的礼乐制度，虽然随着青铜文化的衰落而由仪式转向道德，但对中国传统文化的影响却极为深远。

春秋战国时代，由于铁器的兴起并被广泛应用于社会生产和日常生活之中，人们的生活方式发生了巨大的改变。首先，铁农具的使用提高了农业生产力，社会财富日益积累，人们的生活水平得以提高，追求物质享受和精神愉悦的需求，反过来促进了衣食住行生产的发展；其次，手工制造业也因铁器的使用而开始发达，木质生活器具——漆器兴起，并逐渐取代了青铜器成为日常生活中的主要器具。曾经作为礼器的各类器具走下神坛，开始了“世俗化”的生活，品种越来越多，实用性越来越强，反过来促使生活器具愈来愈趋向人性化。在物质与精神的双重追求下，传统社会的物质文化不断向着实用和审美两者兼具的方向发展，成为中华民族传统文化的象征符号。

中国是传统的农业国家，讲起传统文化，不得不首先谈谈耒耜、锄、犁、水车、镰和磨等农业生产工具。人们使用它们创造并改变了自己的生活，同时也在它们身上寄托了丰富的感情。在中国的传统文化里，一直存在着入世与出世的两种精神。或读书入仕，或驰骋疆场，光宗耀祖，修身、齐家、治国、平天下的理想激励着多少古人志存高远。但红尘的喧嚣，仕途的艰险，又使人烦扰不已，于是视荣华为粪土，视红尘为浮云，摆脱尘世的干扰，寻一方乐土，回归淡然恬静，也成为很多人理想的生活方式。耒耜、犁等作为农业生产必不可少的农具，也成为这些人抒发遁世隐居情怀的隐喻。“国家丁口连四海，岂无农夫亲耒耜。先生抱才终大用，宰相未许终不仕。”那座掩映在山间，坐落在溪流之上的磨坊，随着水流而吱吱旋转永无休止的磨盘，则成为古人自我磨砺、永不言败、超脱旷达的象征。

农耕文化“日出而作、日落而息”的慢节奏的悠闲生活，使得我们的祖先有的是时间去研究衣食住行等多方面的内容，从而创造了独特的东方文化精粹。其中，饮食文化是最具吸引力的一个内容。不论是蒸、煮、炝、炒，还是煎、烤、烹、炸，不论是蔬果，还是肉蛋，厨艺高超的烹饪师都有本事将它们做成一道道色、香、味俱全的美味佳肴。这些美味佳肴配上制作精美、造型各异的食器，便组成了一场视觉与味蕾的盛宴。从商周的青铜器，到战国秦汉的漆器，再到唐宋以后的瓷器，传统社会的食器从材质到形制及其制作方法都发生了很大的变化，唯一不变的是对美学艺术和精神世界的追求。从抽象而神秘的纹饰，再到写实而生动的画面，不论是早期的拙朴，还是后期的灵秀，都倾注着中华民族的祖先对生活的热爱与执着。因为饮食在中国传统文化中起着调和人际关系的重要作用，所以中国文化的含蓄与谦恭，尽在宾主之间的举手投足之中，而那一樽樽美酒、一杯杯清茶与精美的器皿则尽显了中国饮食文化的热情与好客。“醉翁之意不在酒，在乎山水之间也”，“兰陵美酒郁金香，玉碗盛来琥珀光”，酒与古代文人骚客“联姻”，成就了多少绝世佳句！

衣裳服饰，既是人类进入文明的标志，也是人类生活的要素之一。它除了具有满足人们遮羞、保暖、装饰自身需求的特点外，还能体现一定时期的文化倾向与社会风尚。我国素有“衣冠王国”的美称，冠服制度相当等级化、礼仪化，起自夏、商，完善于西周初期的礼乐文化，为秦汉以后的历代王朝所继承。然而在漫长的历史发展中，我国的传统服饰，包括公服和常服，却不断地发生着变化。商周时的上衣下裳，战国时的深衣博带和赵武灵王的“胡服骑射”，汉代的宽袍大袖，唐代的沾染胡风与开放华丽，宋明时期的拘谨与严肃，清代的呆板与陈腐，无不与经济、政治、思想、文化、地理、历史以及宗教信仰、生活习俗等密切相关。隋唐时期，社会开放，经济繁荣，文化发达，胡风流行，思想包容，服饰愈益华丽开放，杨玉环的《霓裳羽衣曲》以“慢束罗裙半露胸”的妖娆，惊艳了整个中古时代。

在中国古代服饰发展的过程中，始终体现着社会等级观念的影响，不同社会身份的人，其服装款式、色彩、图案及配饰等，均有着严格的等级定制与穿着要求。服饰早已超越了其自然功能，而成为礼仪文化的集中体现。

对人类而言，住的重要性仅次于衣食。从原始时代的穴居和巢居，到汉唐的高大宏伟的高台建筑，再到明清典雅幽静的园林，中国的居住文化由简单的遮风避雨，逐渐发展到舒适与美观、生活与享受的多种功能，而视觉的舒适与精神的审美则占了很大一部分比重。明代文人李渔在《闲情偶寄》中讲道：“盖居室之制贵精不贵丽，贵新奇大雅不贵纤巧烂漫”，“窗栏之制，日新月异，皆从成法中变出”。在他们眼中，房屋的打造本身就应该是艺术化的一种创作，一定要能满足居住者感官的需求，所以要不断推陈出新。在这样的诉求下，中国的传统居住文化集物质舒适与精神享受为一体，一座园林便是一个“天人合一”的微缩景观，山水松竹、花鸟鱼虫等应有尽有，楼、台、亭、阁、桥、榭等掩映其间，错落有致。临窗挥毫，月下抚琴，倚桥观鱼，泛舟采莲，“蓬莱深处恣高眠”，“鸥鸟群嬉，不触不惊；菡萏成列，若将若迎”，好一幅纵情山水、优游自适的画卷！

与传统园林建筑相得益彰的是家具。明清时代的木制家具不仅是中国文化史上精美的一章，也是人类文明史上华丽的一节。幽雅的园林建筑配上典雅精致的木制家具，寂寞的园林便有了生命的存在。木质家具是人类生活中必不可少的器具，它的广泛使用与铁制工具的普及密切相关。从秦汉时期的漆器，到明清时期的高档硬木，古典家具经历了 2000 多年的发展历程。至明清时代，中国的古典家具便以简洁的线条，精致的榫卯结构，以及雕、镂、嵌、描等多种装饰的手法而闻名于世。因为桌案几、椅凳、箱柜、屏风等的起源都可上溯到周代的礼器，所以尽管长达数千年的发展，木质家具早已摆脱了礼器的束缚，不但形式多样，而且制作精美，但是在它们身上仍然体现了传统文化的影响。功用不同，形制不一，主人的身份不同，家具的装饰与材质也就不同。一张桌子、一把椅子、一张床、一座屏风，不仅仅显示的是主人的身份和社会地位，也是主人品位和风雅的体现。正因为如此，文人士大夫往往根据自己的生活习性和审美心态来影响家具的制作，如文震亨认为方桌“须取极方大古朴，列坐可十数人，以供展玩书画”。几榻“置之斋室，必古雅可爱”。“素简”“古朴”和“精致”的审美标准，加上高端的材质、讲究的工艺和精湛的装饰技术，使我国的古典家具成为传统物质文化中的瑰宝。

中国传统文化有俗文化与雅文化之分，被称作翰墨飘香的“文房四宝”——笔、墨、纸、砚，便是雅文化中的精品。这是一种渗透着传统社会文化精髓的集物质元素与精神元素为一体的高雅文化。从传说中的仓颉造字起，笔、墨、纸、砚便与中国文人结下了不解之缘。挥毫抒胸臆，泼墨写人生，在文人士大夫眼中，精美的文房用具不仅是写诗作画的工具，更是他们指点江山、品藻人物、激扬文字、超然物外、引领时代风尚的精神良伴，即“笔砚精良，人生一乐”是也。作为文人的“耕具”，笔具有某种人格的意义，往往作为信物用于赠送。墨等同于文才，“胸无点墨”便是不知诗书。在中外的历史上，没有哪一个民族像中华民族这样，能把文化与书写工具紧密相连，也没有哪一个民族的文人能像中国文人那样，把笔、墨、纸、砚视作自己的生命或密友。在这样的文化氛围中，人们对笔、墨、纸、砚的追求精益求精，它们不再仅仅是书画的工具，更成为一种艺术的精品。可以说，文人士大夫对“文房四宝”的痴迷赋予其深沉含蓄的魅力，而深沉含蓄的“文房四宝”则成就了文人士大夫温文儒雅、挥洒激扬的风姿。“风流文采磨不尽，水墨自与诗争妍。画山何必山中人，田歌自古非知田。”两者水乳交融的结合，形成了中国文化特别是书画艺术无与伦比的意蕴。

说到音乐，则既有所谓“阳春白雪”之类的雅乐，也有所谓“下里巴人”的俗乐，更离不开将音乐演绎成“天籁之声”和“大珠小珠落玉盘”的传统乐器。音乐的产生与人类的文明有着密切的关系，音乐和表现音乐的各种乐器，与文学、书法、绘画等艺术形式一样，既是人类文明的产物，也是文化的重要组成部分。作为精神文明的成果，音乐经历了人神交通、礼仪教化、陶冶情怀和享受娱乐的几个阶段，曲调由神秘诡异、庄重肃穆变得清雅悠扬、活泼轻快起来。传统的乐器也由拙朴的骨笛、土鼓、陶埙等，演变成大型的青铜编钟，进而又演化成琴、筝、箫、笛、二胡、琵琶、鼓等。每一种乐器都演绎着不同的风情，“阅兵金鼓震河渭”擂起的是军旅的波澜壮阔；“半台锣鼓半台戏”敲响的是民间的欢乐喜庆；有“天籁之音”之称的洞箫，吹出的是中国哲学的深邃；音色古朴醇厚的埙，传达的是以和为美的政治情怀。在所有的乐器中，最为人所重的是琴。在古代，琴被视为文人雅士之所必备，列于琴、棋、书、画之首，“琴者，情也；琴者，禁也”，它既是陶冶情怀、修身养性的重要工具，又是抒发胸怀、传递情感的媒介。一曲《高山流水》使伯牙、钟子期成为绝世知音，一曲《凤求凰》揭开了司马相如与卓文君爱情的序幕，《平沙落雁》《梅花三弄》等则奏出了骚人墨客的远大抱负、广阔胸襟和高洁不屈的节操。

与雅文化相对应的是俗文化。俗文化产生于民间，虽然没有“阳春白雪”的妩媚与高雅，却有着贴近生活的亲切和自然。那些小物事、小物件，看起来不起眼，却在日常生活中不可或缺。那盏小小的油灯，虽然昏暗，却在黑暗中点燃了希望；上元午夜的灯海，万人空巷，火树银花，宝马雕车，是全民族的节日狂欢。文化必须在流动中才能绽放美丽。那曾经是帝王专用的华盖，虽然因走向民间而缺少了威严，但民间的艺术却赋予它更多的生命意义：以伞传情，成就了白娘子与许仙的传奇；以伞比兴，胜于割袍断义的直白。庆典中的伞热烈奔放，祭典中的伞庄重肃穆，浓烈与质朴表达的都是传统文化的底蕴。原本“瑞草萐莆叶生风”的扇，只为夏凉而生，在文人墨客手里却变成了风雅，“为爱红芳满砌阶，教人扇上画将来。叶随彩笔参差长，花逐轻风次第开”。

扇与传统书画艺术的结合，使其摇身一变而登堂入室。而秋扇寒凉之悲，长袖舞扇之美，则为扇增添了凄美与惊艳。那把历经沧桑的锁呢？它锁的不是悲凉哀伤，而是积极快乐、向往美好和吉祥如意的心，既关乎爱情，也关乎生活，更关乎人生！

在传统的民俗文化中，有一组主要由女人创造的物质文化载体，那就是纺织、编织、缝纫、刺绣、拼布、贴布绣、剪花、浆染等民间手工艺品。同其他传统物质文化一样，这些民间手工艺品，在中国也传承了数千年的历史，并且一代一代由女性传递下来。这些民间艺术作品秀外慧中，犹如温婉的女子，默默与人相伴，含蓄多情，体贴周到却不张扬。因为是女人的制作，这些民间艺术难登大雅之堂，但离了它，人们的日常生活便缺失了很多色彩。

剪纸起源于战国时期的金箔，本是用于装饰，自从造纸术发明以来，心思灵慧的女人们便用灵巧的双手装点生活，婚丧嫁娶，岁时节日，鸳鸯戏水、十二生肖、福禄寿喜、岁寒三友等，既烘托了气氛，又寄托了情感。男女交往，两情相悦，剪纸也是媒介，“剪彩赠相亲，银钗缀凤真……叶逐金刀出，花随玉指新”。

由结绳记事发展而来的中国结，经由无数灵巧双手的编结，呈现出千变万化的姿态，达到“形”与“意”

的完美融合。喜气洋洋的“一团锦绣”，象征着团结、有序、祥和、统一。

最早的绣品出现在衣服之上，本是贵族身份地位的标志，龙袍凤服便是皇帝和皇后的专款。不过，聪慧的女人把自己的生活融入了刺绣艺术之中，各种布艺都是她们施展绣技的舞台，对生活的期望和祝福也通过具有象征意义的图画款款表达。那或精致小巧、或拙朴粗放的荷包，都寄托了女人们不尽的情怀！中国的四大名绣完全可以当之无愧地登堂入室，成为中华传统文化的瑰宝。

“渔阳鼙鼓”不仅惊醒了唐玄宗开元盛世的繁华梦，也打破了大唐民众宁静的生活。那些从远古狩猎器具发展演变而来的干戈箭羽，曾经是猎人骄傲的象征，如今却变成了杀人的利器，刀光剑影中，血似残阳。在漫长的冷兵器时代，刀枪棍棒、斧钺剑戟，对皇家而言，是权威的象征，威严的仪仗便是象征着皇权之不可撼动；但对个人而言，则是勇士身价的体现，三国时代的关羽以“走马百战场，一剑万人敌”而扬名千年。然而，正如其他器物一样，兵器在传统文化中也被赋予了多样的文化象征意义。“项庄舞剑，意在沛公”，这剑便是杀气，项庄便是剑客；文人弄剑，展现的则是安邦定国、建功立业的豪气。斧钺由兵器一变而为礼器，象征着军权帅印，接受斧钺便意味着被授予兵权，因此斧钺就成为皇权的象征。斧钺的纹饰为皇帝所独享，违者就是僭越。礼乐文明赋予传统文化雍容的气质，也为嗜血的兵器涂上一抹温雅的祥和，那就是“化干戈为玉帛”和射礼的出现。春秋时代的中原逐鹿原本就是华夏民族内部的纷争，“兄弟阋于墙，外御其侮”，民族发展的最大利益便是和平。逐鹿的箭羽配着优雅的乐调，大家称兄道弟一起享受着投壶之乐，一切矛盾化为乌有。

具有五千年历史的中华民族，以其勤劳和智慧，创造了丰富多彩、璀璨夺目的物质文化。它们源于生活，又高于生活，在数千年的发展中，融合了雅俗文化的精髓，变得富有生命力和艺术创造力。它们是一种象征符号，蕴含了传统文化的博大精深；它们是一幅美丽的画卷，展现了传统文化的精致典雅；它们是一部传奇，演绎了传统文化由筚路蓝缕走向辉煌。它们所体现出的文化元素，不仅使历史上的中国成为东亚文化的中心，也成为西方向往的神秘王国。它们犹如一部立体的时光记忆播放机，连续不断地推陈出新，中华文化精神也就在这些集艺术与实用为一体的物质元素中一代一代地传承下来。

焦　杰

目录

绪 论

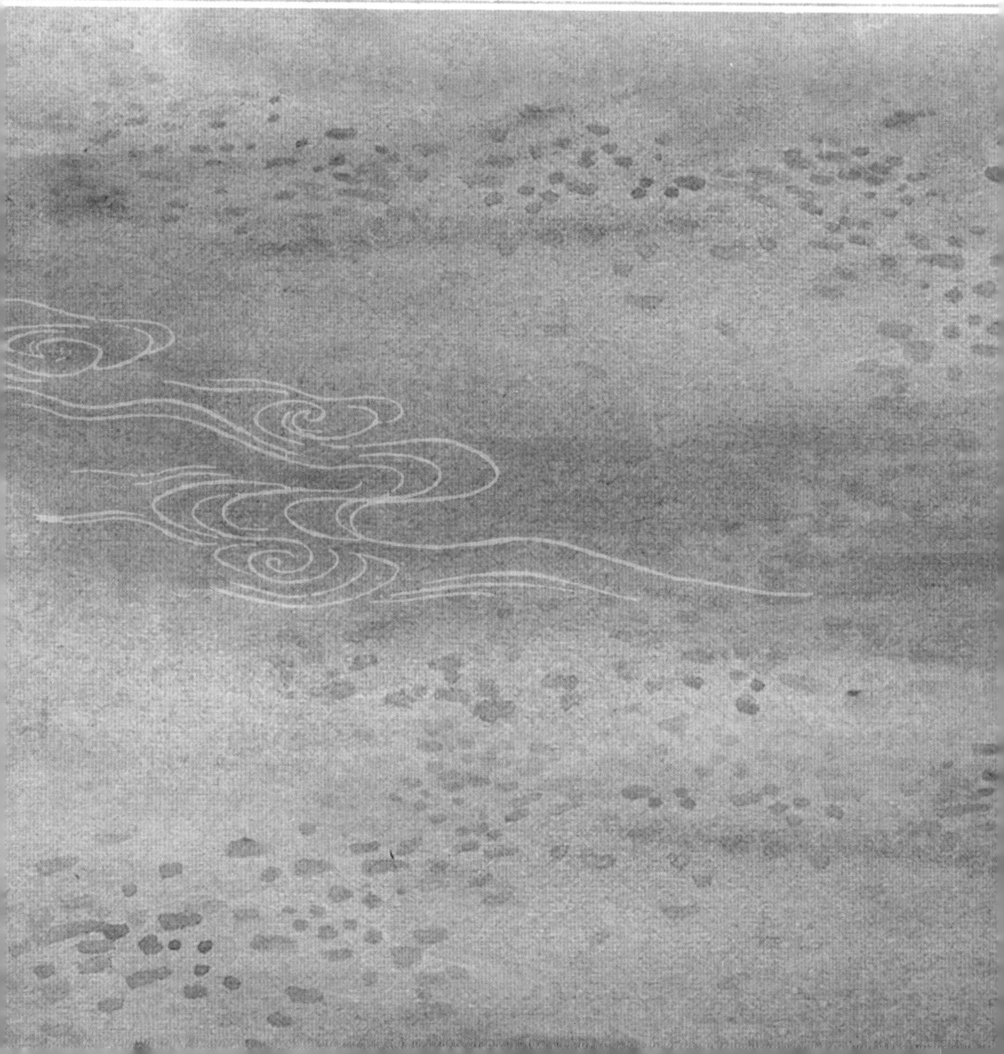

在中国漫长的古代建筑发展历程中，宫殿、屋舍、城墙、庭院等都是建筑历史描绘的重点，它们的技术、图案、性质、功能都是中国建筑文化中的重大收获。可是，中国古代建筑中的亭台楼榭、廊桥坛坊也是不可分割的一部分。它们因为其灵活、单纯的建筑个性，浓缩了中国古代建筑的独特的美学思想和人文内涵，很有专门探讨的必要。

从历史上看，最早的人类居住处半坡氏族聚居群落，现存的遗址就有亭的痕迹，河南偃师二里头商代的宫城遗址中，有廊的印记。最初的建筑，都是实用功能占主体。不过，台的萌生却是精神崇拜需要的现实化呈现。统治阶级把高高在上的平台，作为接近神灵的圣地，因此，春秋战国时期，就有“结盟台”。一方面强化各方诸侯之间的合作关系，一方面表达各自尊贵的身份。现在的北京天坛，也是高高的台，是皇帝祭天的神圣之所，一直到清朝晚期，皇帝还在此举行祭祀活动，祈祷来年的风调雨顺、五谷丰登。1998 年建造的中华世纪坛，把鼎置在高台上，强调全世界人民和谐、平安、稳定、繁荣的思想。

台的精神内涵也渐渐地影响到亭、廊、桥，使实用性渐渐与审美思想相应和。比如醉翁亭成为文人满足儒家政治理想而沉醉的象征；退思园的长廊，是文人享受大自然景色的快意的表达；西湖上的断桥，暗示自由爱情珍贵的圣所……到现在，“鹊桥”已经脱离了“桥”的实体感念，获得了一种文化上认同夫妻团圆之物的公共意识。

另外，亭、台、廊、桥又是中国传统文化中最重要的公共场所建筑，文人的诗词歌赋、楹联题字建构出新的审美趣味。比如，黄金台的典故、沧浪亭的楹联、颐和园长廊的图画、二十四桥的传说，内涵不同、情趣各异，却借自然风景，把观景和学习融为一体，令小小的建筑充满真知的点化和生命的感悟，传达出精英群体的教化意识。

除了文人对于亭台楼阁的精致描绘，这些建筑还与民间文化互相融合，水乳交融。比如泸沽湖上的走婚桥，承载着女儿国的独特风俗习惯；揭阳榕城的“行彩桥”则揭开了榕城男女求婚配之民俗序幕；还有发生在各种台阁上的民间祭祀活动、祈福风俗，展示出普通百姓对于这些建筑物的崇拜和依赖，因此，考察一种建筑，也是考察文化的一个侧面。

随着历史的发展，中国的建筑文化呈现出与西方建筑文化融合的趋势。17世纪，法国、英国都喜欢在庭院中建筑“中国式亭”，中国建筑中也出现了西方实用价值明显的报亭、售货亭等，尤其在桥梁的建设中，中国桥借鉴了西方的索桥技术，建设出无数的新桥梁，大大拓展了中国建筑的技艺、视野、文化内涵，使中国桥梁技术跻身世界桥梁建筑的前列。

综上所述，中国建筑中的亭、台、廊、桥，既是建筑技术发展的明证，又是中国意识形态的不断拓展的塑造。“天人合一”的道家思想、堂尊廊依的儒家等级观念都在这些建筑物上有所表现。现代的中国建筑，在吸收西方文化的基础上，呈现出更多的审美趋向和丰富的人文内涵，势必开拓出亭、台、廊、桥的新未来。

第一章　亭

亭子是我国极常见的一种传统建筑，多建在园林、佛寺、庙宇的路旁或花园里的高台、水边，用来点缀园林景观，同时也供人休息、乘凉或避雨用。它一般占地面积从几平方到十几平方，大多是由九根柱子支撑起屋顶，屋顶多为点状或线状攒顶式，四面或六面为多。屋檐多采用我们传统建筑的飞檐形式，四角高翘，如鸟翼展开，有一种灵动飞舞的感觉。一般情况下，亭子的四周没有墙，不隔风，所以也叫凉亭。

一、亭之历史

现在已知的最早的“亭”字，是在先秦时期的古陶文中发现的。从古陶文的象形文字可以看出那时的“亭”是有比较高的支架支撑起来且上边有盖顶的一种建筑物，它可以算是亭的雏形。关于亭子的历史，最早可以上溯到商周时期的苑囿中供帝王们休憩而建的高台。从汉代的砖石画像中可以看出，汉以前，亭的整体形态跟商周时期的并没有多大改变，其实用价值大。东汉许慎《说文解字》曰：“亭，民所安定也。亭有楼，从高，丁声。”东汉刘熙《释名》：“亭，停也，人所停集也。”很明显，亭就是人们在行走中歇脚的停驻地。根据学术界对秦汉时期乡亭制度的研究，亭还曾是基层维护治安、兼理民政的军政机关。当时亭可谓五花八门，如都亭、门亭、旗亭、市亭、驿亭、邮亭、乡亭、野亭、下亭等，按其功能分可以分为以下四种。

汉 砖画像《长亭送别》

1. 城市中的亭

如街亭、市亭、都亭、旗亭等，这些都是比较高的建筑物，作为标志性的建筑物，便于官员能够随时居高临下，俯察全局，管理街市。

2. 驿亭

驿亭，即邮亭。秦汉时期在交通干道上设亭，兼有驿站和旅社的作用，通常作为旅途歇息之用和迎宾送客的礼仪场所。后来，又出现了计量里程用的长亭、短亭，因为古人常在此送往迎来，于是驿亭在古人的情怀中逐渐演变为带有伤感情怀的建筑。

3. 侯望之亭

边防中的作报警用的亭。战国时期国与国之间战争，常在边防之处设置亭，负责管理亭的人叫作亭侯，此亭有亭燧，也就是烽火亭，用来在敌人来时点燃亭燧，发出信号。

4. 行政办公用的亭

秦汉时期，在乡村每隔十里设一亭，置亭长，管治安，理明事。汉高祖刘邦就曾经做过泗水的亭长。

魏晋南北朝时期，人们追求返璞归真，把自然视为至美，这成为造园艺术发展的推动力。随着园林艺术的发展，亭的性质也发生了变化，逐渐褪去了军事建筑与军政机构的色彩，以日常建筑面目出现在人们的生活中。东晋时期的王羲之所描述的“会于会稽山阴之兰亭，修禊事也”，就是明证。目前关于记载在《洛阳伽蓝记》和《水经注》，二者都提到，华林园的景阳山上有“临涧亭”。在造型、结构及功能上，成为亭建筑的最基本形式。

隋唐时期，亭子的顶部结构和造型已突破了早期单一的攒尖形式，有庑殿、歇山、攒尖、单檐、重檐等多种样式；建筑平面设计已不只是四方形制，出现了六角、八角、圆形等形式。当时亭建筑已有木亭、石亭、茅亭、竹亭等多种材料。可见后世亭子丰富多样的建筑形式，在此时期已基本形成了。随着佛教、道教的兴盛，寺庙园林中的亭子也有所发展，如杭州灵隐寺中的冷泉亭、虚白亭、候山亭、观风亭和见山亭，五亭相望，如指排列。同时，私家园林中也出现了大量的亭子，如王维辋川中的临湖亭、白居易家中的琴亭和中岛亭、苏味道宅中被赞为巧绝的三十六柱亭等。在当时的很多风景名胜中，亭成了其中重要的点缀。如柳宗元的零陵三亭，“爰有嘉木美卉，垂水映峰，珑玲萧条，清风自生，翠烟自留，不植而遂。鱼乐广闲，鸟慕静深，别孕巢穴，沉浮啸萃，不蓄而富。……乃作三亭，陟降晦明，高者冠山巅，下者俯清池……”就对于亭的位置与功能做了简单的介绍。

到了宋代，亭的观景功能进一步强化。亭大量出现在湖畔、山腰、林间、桥头等自然风景中，而且由于亭与园深度融合，成为园林中必有的建筑小品。“园亭”逐渐结合成为一个结构稳定、概念明确的常用词汇，这是此前所未有的。如宋人王禹偁《李氏园亭记》、欧阳修《李秀才东园亭记》、苏东坡《灵璧张氏园亭记》等。在建筑制式和工程技法上，宋时亭建筑营造已经有了某些官方标准，北宋李诫的《营造法式》中，就有小亭榭、井亭子、行廊小亭、亭子廊、门亭子等建筑的做法。此外，伴随着文学诗词，特别是绘画的发展，人们已经把人的主观意识加入筑亭的构思之中，出现了一些令人耳目一新的奇亭。如苏东坡的择胜亭，有张幕四围的设计，“乃作斯亭，……赤油仰承，青幄四张”。南宋张镃的驾霄亭建于四株古松间的铁索

宋《荷亭儿戏图》

之上，攀梯登亭则有摇摇临风飞仙之意；这一时期还出现了大量寄托文人情思的名亭，如沧浪亭、醉翁亭等。

明清时期是中国园林发展的兴盛时期。由于建筑技艺的发展，南北方建筑艺术的交融，加之建筑小品受官方定制约束较少，亭子在造型设计上的变化更加多姿多彩，风格上有了明显的南北差异，文化内涵也更加深远。在平面上，亭不仅有三、四、五、六、七、八、九等不同的边角设计，还有海棠、梅花、扇形、方胜、双环等组合设计。顶部造型除多种多样的攒尖外，还有盔顶、盝顶、庑殿、硬山、歇山、悬山、十字脊、卷棚、单檐、重檐等，翼角有水戗、老戗、嫩戗等，造型样式可谓不计其数。同时，在重视亭造型的同时，也非常注重对于亭的位置选择及与其他建筑的关系，对于亭的审美趣味也有了比较成熟的论著。

二、亭之美

亭是中国园林建筑的一种基本元素，也是中国园林文化的一个重要组成部分。自古以来，亭深得中国人和所有建筑家的喜爱，几乎达到了无亭不园的地步。仅颐和园里就有各式亭 40 多个。这些亭子，有的建在湖畔，有的隐于林间，有的浮于水上，有的立于山巅，有的夹在廊中，有的位于桥头……它们不仅为游人提供了休息、领略周围景色的场所，更把美丽的湖光山色点缀得娇艳动人。亭成为建筑中一个精美的典型，一种杰作。

亭之建筑的美，美在形态，美在和谐，美在其文化意韵。

亭子的审美情趣在园林景观中可因其造型、色调、位置等方面不同而表现不同的风格，从而带给人们不同的享受。亭子的形状，往往与设计建造者的性情相关。一般而言，圆顶的亭子给人一种团结、亲和、温暖轻松的感觉；三角顶的亭子让人感觉到单纯、轻巧、

现代仿古建筑“亭”

活泼；四方形的亭子给人以稳固、庄重、大方的感觉；多边形的亭子则让人感觉到灵活、精巧、细致。这些都与人的性情和品格相关联，是设计建造者精神思想的直接或间接表现。所以亭本身具有小而精致，小而大气，小而端庄的特点，其外形与色彩是传统建筑艺术的浓缩。中国传统建筑中的庄严、肃穆、恢宏、精美等体现出中华民族的性情特点。整个建筑无论是大是小，都以直线、弧线和方块面为主，有一种方正端庄的浩然正气。使用弧线，使屋角上翘，却又使建筑不显得呆板简单。这种端庄中不失灵动的特点，正是几千年来所形成的中华民族个性的体现，也是推崇君子文化的体现。

欧阳修在《醉翁亭记》中所描写的“有亭翼然临于泉上”，虽然只有“翼然”二字，但却把亭子像大鹏展翅一样的优雅舒展形状和轻盈动态的美描写得十分妥帖。颐和园中的廓如亭，位于昆明湖旁，为重檐八角亭，面积达130多平方米。远远望去，犹如一个巨大的圆形宫殿。廓如亭通过十七孔桥与南湖岛遥相呼应，从画家的审美角度来欣赏，这构成了点线面的有机组合，显得格外宏伟壮观。

由于北方的地势平坦辽阔，因而与之相配的亭子也应有较大的体量，端庄、高大；相对而言，南方的地貌崇山秀水，因而亭子的体量相对小巧、俊秀。就造型来说，北方的亭子因体量较大，亭子的屋顶坡度较缓，整个屋脊曲线也较为平缓；而南方的亭子因雨水较多，需要排水通畅，所以屋顶坡度较大，屋脊的曲线也显得更加弯曲。另外，南北亭子在装饰色彩上也有差别。北方亭子的装饰色彩常常是浓艳的红蓝绿紫等，色彩对比强烈，屋顶常用金色琉璃瓦，加上装饰的彩画，更显绚丽堂皇；而南方的亭子色调则显得素雅，装饰古朴却精巧。屋顶一般配青瓦，也不施彩画。这都与当地的建筑构成了和谐的美。

除柱子、坐凳（椅）、栏杆，有的亭子还有墙体、桌、碑、井、镜、匾等。亭子四周的构造因款式的不同则

苏州拙政园中的亭

有很大的差异，但有一个共通点，就是空间感很好，亭子空间景致通透相连，几乎没有视线阻断的地方。这就使亭不仅可以供游人休憩，具有任意放眼四周的特点，还成为整个景色中一个相融相通的点缀，是园林美丽景致中的一个别致的点，具有独特的风采。所以建亭的位置对于亭子的美来说，是一个重要的因素。

园林中的亭子要建在风景好的地方，由内向外看好看，由外向内看也好看，使在内的人在休息的同时也能欣赏到美景。同时更要考虑亭子的样子与周围的景象和谐成为一处园林景观，亭子的形状、大小、高矮、材料、色彩等都要与环境相融。亭子位置的选择有多种，主要有四种：一是依山建亭，尤其是在山巅、山脊，有利于游览者登高眺望，开阔视野。在半山腰或者崖边建亭，既增强了景观的多样性，又使自身成为一道风景，尤其是崖边的亭子，更有一种险要、缥缈的感觉。二是临水建亭，借助水的萦洄、激荡、平静、开阔等特点来创造气氛，成为人们欣赏水、亲近水的独特的空间位置和独特的休息之所。三是建在水中的小岛上，用桥或堤甚至用船与陆地相连。亭的三面或仅以亭基为岸，四面环水，有的还建在桥上，最大限度地让游览者亲近水，如颐和园中的知春亭，四面环水，周围满是绿叶红花。每当春风从东南吹来，驱走冰雪严寒，都是春江水暖"亭"先知，知春亭就像报春的使者，欣然屹立，向人们报告着春天的消息。站在亭上向远处望去，四周花容柳色、天光水色尽收眼底，令人陶醉。四是建于道路的交叉口或者街角的转弯处，既可以用来让行人休息，又是景观标志。

亭子以其自身优雅的形态，往往可以对四周的景致起到画龙点睛的作用，用叶圣陶先生在《苏州园林》中的话来描述，就是"务必使游览者无论站在哪一个点上，眼里总是一幅完美的图画"。正因亭是园中"点睛"之物，所以多设在视线交接处。如苏州网师园，从射鸭廊入园，隔池就是"月到风来亭"，由此形成

西湖湖心亭

构图中心；又比如拙政园水池中的“荷风四面亭”，四周水面空阔，在此形成视觉焦点，加上两面有曲桥与之相接，形象自然显要；还有杭州西湖中的三潭印月，它的北面是西湖的湖心亭，湖岸之北，有孤山作为依托，于是亭子四面临水，花草相映，山水相连，这种绝佳的选址，真是眼界极高。如果有人从小瀛洲登岸，又可看到一座精巧别致的三角亭，它和古建筑“先贤祠”相对而生，又与“百寿亭”遥相呼应，共同形成了与三潭印月水面空间隔断的一道屏障，景观层次分明，人们在亭中居高远眺，可以非常惬意地纵览西湖绝色美景。还有沧浪亭、绣绮亭、舒啸亭、望江亭等，都建于高显处，其背景为天空，形象显露，轮廓线完整，甚有可观性，形成全园之中心。这样的造园手法常会让人觉得游园若观画，人在画中游。正如明代著名园艺设计大家计成在《园冶》中所说："……亭胡拘水际，通泉竹里，按景山颠，或翠筠茂密之阿，苍松蟠郁之麓。"不管在何处都要达到使亭子能和周围的园林景观相协调的目的，一切都以体现园林空间的艺术效果和游人的视觉美感为最高原则。

如此美景美亭，如果缺少了诗情，就无法体现真正的画意。画龙点睛的真正实现，基于它拥有的精神和文化。亭子的文化内涵、诗书画印必须结合其中。历朝历代的许多文人墨客，喜欢为亭子取名、题诗、作画，让人得以赏诗意、品书画、观美景。如北京天龙坛的陶然亭，就以唐代诗人白居易的诗"更待菊黄家酿熟，与君一醉一陶然"而得名；山东济南大明湖中的历下亭，建于北魏年间，唐代著名诗人杜甫游历到此，就曾留下"海右此亭古，济南名士多"的赞美，亭的诗意便与名士的才俊风流连在一起，形成了独特的风韵。清朝大书法家何绍基发挥其书法优势，将杜甫之诗写成楹联挂在亭上，于是名亭名诗名书法被后世称为"三绝"，这就使历下亭平添了不少文化意韵之美。

陶然亭

除了园林中的亭子，自然山水中的亭子也蕴含着丰厚的文化内涵。据不完全统计，在浙江永嘉的楠溪江风景区内共有不同功能、不同构造和不同式样的亭一千多个。在这里亭像一个多变的精灵，以不同的布局方式、灵巧多变的形态，不断出现在楠溪的青山秀水间，表达着无尽的建筑美、意境美。比如山水之间有朴实无华的路亭；村庄外围有颇具宗教色彩的憩亭；村庄庭院内有造型灵巧的凉亭。另外，与苏州私家园林中亭子的玲珑剔透相比，这里的亭子建筑显得古朴素雅。材料就是当地常见的杉木和石头；平面形式以正方形居多。在型线的意义表达里，正方表示坚固、质朴、稳重。古亭的屋顶，是南方常见的几种类型，由丰富变化的曲线组成，显得生动活泼、舒展大方。

亭是我国人民创造的风景建筑物，它是山水风光的重要点缀，也是供人休憩、纳凉、赏景的好去处。亭遍布于神州风景名胜中，风格各异，秀丽多姿，既装点了风景，又提供游客观赏、登高之佳处，是中国建筑中最具灵动美的艺术品。

三、亭与人生

亭，是人工美的建筑艺术品。它飞檐雕梁，四周通透，春天领略晴日皓月，秋天可登高远望，高平盈敞。立纳四面清风，坐收八方佳色，“群山郁苍，群木荟蔚，空亭翼然，吐纳云飞。”亭与周围建筑形成一个相得益彰的群体，这在中国古代的宫殿、寺院、园林甚至家常居所的建筑原则中不乏佳例。中国式的亭建筑以给人暖意的木质结构为主，呈平面铺开，梁柱与檐顶撑架谐契，尤其微翘的檐角给人一种“础皆贴地，户尽通天”的舒适感，所以有些学者以为它的美学形式反映了中国人“适得其乐”的人文理想和实践理性精神，而文人的题诗、楹联、春帖不仅使亭之美的内涵更加丰富，而且增添了独特的情趣。

首先，在中国人看来登亭据阁是人亲近自然、荡涤尘秽、朗廓心胸的需要。“晴川历历汉阳树，芳草萋萋鹦鹉洲”“惊风乱飐芙蓉水，密雨斜侵薜荔墙”“天长落日远，水净寒波流”“苍山隐蒸雪，白鸟没寒流”

明 朱瞻基 行乐图

等诗句，虽然都没有亭的印记，但这些境界都是从登亭的诗人笔下流溢出来的。没有亭或者地理位置的变换，这些情景句是无法自然表述出来的。

其次，不少亭与中国人的历史观念关系紧密。文人们往往以自己赋咏亭台的流芳之作来暗示其心志。

李白、陈子昂、苏轼等登亭攀台，浏古览今，追昔伤往，以诗文形式对历史作了独具慧眼的阐释。他们的笔往往不是停留在写“即日所见之景”，而是深入到物象背后“发思古之幽情”。于是，许多亭是文人官场失意受贬谪远戍时修建或缮复的，还有人为自己或友人因某座亭述“志”做“记”，表达出了文人的雅趣。如黄州“快哉亭”是宋代清河人张梦得谪居黄州时修建的，苏轼名之“快哉”并赋诗赞叹，其弟苏辙亦作文《黄州快哉亭记》。张天骥隐居云龙山，草堂被淹后修建“放鹤亭”，苏东坡慕其“清远闲放，超然于尘埃之外”，故作《放鹤亭记》。苏东坡作为“放鹤亭”主人，其“南面之君”与“山林遁世之士”“为乐未可以同日而语”的议论不都体现了庄子式“无所可用，自得其乐”的清远闲放和逍遥自在吗？后来，苏舜钦“以罪废，无所归”后，“扁舟南游，旅于吴中，始徽舍以处”修建“沧浪亭”并自作《沧浪亭记》。在这些文人的习作中，日月星云、雨雪风霜、水波山色、鱼龙鸿雁、梅柳竹杨、花絮草叶，都与亭构成了一幅幅描绘自然、人间，表现个人心理和民族历史的谐恰意境。

总之，观赏山水者，凭吊壮怀者，饯别友人者，遥寄乡思者，柔情脉脉者，闺怨春愁者，功业初建者，国破家亡者，仕途春风者，宦海浮沉者，都曾借亭来表达自己的情思。因此，中国的亭，是从一个实用性的小建筑，逐渐转变为一个具有人文特点的审美对象。

私家园林中的亭子或者个人修建于山林水滨的亭子，更是主人性情、人生态度、人生情怀的写照。从古到今，造亭时都会命名并题上匾额、对联，把主人对社会、人生的态度、性情写在其中，用以明志，营造文化气氛，增加文化底蕴。苏州拙政园里的待霜亭，就悬挂有“书后欲题三百颗，洞庭须待满林霜”的诗牌。诗句恰当地描述了环境及主人的生活情趣。原来，这个亭的四周是橘园，下霜时节，橘子变黄成熟，味道甜美。这时，主人闲来无事，驻足园子，望着满园的橘子，期待寒霜早降，能够吃上酸甜可口的橘子。主人的田园之趣表现得直白而形象，有丰富的文化内涵和田园之趣。苏州沧浪亭看上去只是一座简单的方形单檐山顶亭，造型因简单而朴实。如何使其更具文化和精神，我国古代先贤和能工巧匠有着独到的眼光和技法，注意到了不同文化指向能赋予亭子不同的文化内涵，即用富于文化的词语给亭取名、撰联。亭有亭名犹如人有人名，一经命名便有了个性和特征，以及独立的精神，而撰联犹如穿衣戴帽，更现一座亭子独特的风姿。北宋诗人苏舜钦修建沧浪亭，出自《孟子》

沧浪亭

“沧浪之水清兮，可以濯我缨；沧浪之水浊兮，可以濯我足”。这哪里只是一座亭的名字，简直就是诗人追求高洁品格的人生情怀的写照！甚至就是诗人自己的形象！而欧阳修的上联“清风明月本无价 ”和下联“近水远山皆有情”恰似量体裁衣，把沧浪亭的文化格调、精神品格，活脱脱地展现在游人面前。而这样的精神与品格，又在更深层次上与中国传统的文化价值观、人生哲学审美情趣和精神追求相契合，达到了物我合一的臻美境界。兰亭之所以出名，除了王羲之的书法原因之外，与王羲之在《兰亭集序》中由兰亭周围山水之美和聚会的欢乐之情，生死的思考和感伤的情怀息息相关。

杭州翠微亭为纪念著名的爱国将领岳飞而建，取其在游览池州翠微亭时写下的诗篇“经年尘土满征衣，特地寻芳上翠微，好山好水看不足，马蹄催趁月明归”中的两个字，一座亭就成了一个名人的化身，一种人生精神意志的符号。与一般园林中亭子的文化含义有所不同，楠溪江古亭上的匾额、题咏、楹联处处是一些通俗易懂的乡间俚语，表达出淳朴的民风和通俗的文化内涵。如岩头接官亭是村中调解民间纠纷的场所，亭里的楹联写道：“情理三巡酒，理情酒三巡。”意在息事宁人，劝人和睦相处，有更多为人处世的乡间

翠微亭

哲理蕴含在其中。再如“柔风亭”，过去有老人在这里免费供奉义茶，亭子里的楹联写道：“茶待多情客，饭留有义人。”乡民的热情好客，淳朴民风，人生的情怀以及生命的意义尽在其中。

由此可以看出，亭是中国建筑文化的符号象征，是中国古人人生观、人生哲学的体现。

四、中西式亭的碰撞与交流

亭，是形成完美的造园艺术不可或缺的组成要素，在城市、园林风景中起着点缀、陪衬、换景、修景、补白等作用。一个成功的亭建筑，能够给城市建筑及街景、园林环境以画龙点睛、变换多姿的效果。中西方的城市及园林都关注到了这一点，但因为中西方审美情趣的差异，中西亭建筑在其功能、形式和文脉继承上又迥然不同。

1. 中西式亭的功能差异

中国亭的功能主要经历了两个阶段。汉代以前，亭虽有观赏休息的功能，但主要还是军事和社会管理政治功能。到了两晋南北朝以后，其主要功能才变成了园林的点缀和观赏休憩。再往后，随着隐逸文化、田园文化的兴起，田园山水园林化，亭更是文人隐士心中自然与社会人文的契合点，成为他们寄寓隐逸情怀的符号。凡有山水人迹之处，必有亭。亭与具有人文意义的竹子结合在了一起，意义趋于一致，甚至连其实用的观赏与休憩的价值都淡化了，几乎纯粹成了一种隐逸情怀的符号。在西方，亭的概念与中国大同小异。在西方人看来，亭就是花园或游戏场上一种轻便的或半永久性的建筑物。亭虽有多种形式，但基本上都是简单而开敞带有屋顶的小建筑。最初是为了举行户外宴会或舞会而建。17 世纪后期，凡在花园中的小建筑，都可称之为“亭”。在意大利，将亭建在高

意大利的“中国茶亭”

处，用来观景，而在古代英国的庭园中，宴会厅、望楼、园亭同为一物，特别是凉亭式的望楼，建在露坛的一隅或设在壕沟包围中的庭园一角，从望楼上可以眺望四方辽阔的风景。这种园亭还经常被用作四轮马车的候车室，有时还为此在园亭内设壁炉。其作为日常生活实用性的建筑，它的装饰性、经济性比较突出，除了园林，在城市建筑及住宅建筑中也被广泛运用。

2. 中西式亭建筑的造型

西方亭的造型与西方其他古典建筑造型的关系，并不像中国亭建筑与中国其他古典建筑之间存在着那种密切的关系。中国的亭，说得简单点儿，就是房屋的简化，是没有围墙的小房子。尤其是攒顶式及歇山顶式的亭子。主要是为了观赏和休憩。西方古典园林中的凉亭沿袭了古希腊、古罗马的建筑传统，平面多为圆形、多角形或多瓣形。立面的屋身、檐部和基座一般按古典柱式，屋顶则采用外形为圆弧状的券形式。由于各种建筑类型的不同，拱券的形式略有变化，屋顶有穹顶、锥形顶和平顶。其中半圆形的穹顶为古罗马建筑的主要特征，锥形顶是哥特式建筑的明显标志。由于采用的是砖石结构承重体系，造型上比较敦实、厚重，体量也较大。在园林中，凉亭常独立设置或成双地对称布置。这些都与中国式凉亭迥然不同。西方造园目的纯粹为了生活实用的需要，造园活动以栽培和观赏植物为主要目的，藤架亭的建立主要是为了在提供攀缘植物生长支架的同时，提供阴凉的绿廊空间。总的来说，西式亭建筑造型有三类：藤架式、公共建筑式和神庙式。

藤架式亭

在欧洲的古典园林设计中，园林是被当作建筑与自然环境之间的过渡环节。在庭园的亭建筑设计中，越靠近主体建筑物的亭的造型，越接近主体的建筑风格；越远离主体建筑的亭，其建筑风格与主体越来越远，趋向于自然，人工的痕迹越来越淡。直至接近植物藤架的形式，如美国克利夫兰的 Gwinnd 藤架式凉亭。从欧洲古老绘画中可以看出，中世纪凉亭采用了板条结构，以常春藤、玫瑰两种植物为骨架。通过对凉亭拓展，还出现了游廊，用走廊将庭园的三边或各边包围起来，或者将庭园纵横分割成四部分。这与中国传统的府宅建筑中的回廊很相似。

公共建筑式亭

在西方几何式庭园中，园内的亭建筑功能以实用为主，是用来举行宴会、招待、展览或者更衣、休息的场所。所以，亭建筑就充当着公共建筑的功能，甚至成为全园的主体建筑，亭建筑的造型与当时文艺复兴时期的建筑式样相差无几。欧洲古典柱式成为建筑造型的构图主题；在建筑轮廓上讲究整齐、统一与条理性，为了追求所谓合乎理性的稳定感，建筑顶部大量采用半圆的拱形，配合以厚实的墙体和水平的厚檐、厚实墙、水平方向的厚檐等语汇。这与中国的亭的实用化功能而形成的宫殿式建筑对应关系是一样的。

克里姆林宫教堂群中的圣灵亭

神庙式亭

在中国，亭建筑本来就是宫殿楼舍建筑的一种变形，所以，它与寺庙建筑结合的形式比比皆是。在全国各地庙宇及城市中的钟鼓楼、香楼等都是亭的实用化建筑。只是其四周一般都有围墙，并加上了通透性的窗户。在西方建筑发展的历史长河中，宗教建筑可以说是各类建筑的核心与灵魂。在园林建筑的发展中，神庙的建筑外形也常被应用于亭建筑。如西班牙的埃斯库里阿尔（Escorial）宫廷园中，教堂之南的庭园中心就是八角形的圣灵亭，它们往往有高高的亭尖、穹隆型的房顶，寓意着精神的升华和上帝的神圣庄严。

综上所述，中西式亭建筑都与传统的宫殿及楼堂馆舍建筑有着密切的联系，是整个建筑文化与人文情怀的一部分。虽然文艺复兴运动的人文主义者主张把人类从神的权威和束缚中解救出来，唤起人们的山园情趣，但是，当时西方的亭建筑，主要是用来提供阴凉的休息之所，没有什么空间意境、文化内涵之韵。偏公共建筑的亭主要是为了躲避焦灼阳光、远离喧嚣，给人们提供一个静谧的环境；偏植物藤架形式的亭，则是在提供攀缘植物生长支架的同时，提供阴凉的绿廊空间。这些西方的偏实用功能的亭和中国的偏精神取向的亭有着很明显的差异。

但是，恰恰是中国亭的风姿卓异，空灵有趣，西方人对于中国园林建筑中最喜欢的和最早接受的建筑就是亭。早在18世纪中叶，英国就出现了中国亭。18世纪下半叶的英国王家建筑师钱伯斯（Sir Willam Chambers，1723—1796年），曾经经商来到中国。1772年，他出版的名著《东方庭园论》，恰恰迎合了那个时代的浪漫主义潮流，激起了人们对风景式园林的极大兴趣。书中蕴含的文化思想辗转渗透到欧洲的建筑文化中。1753年，英国坎伯兰公爵（乔治二世的次子）为迎接乔治三世和夏洛特女王，在改造的废船的甲板上，建造了中国亭。这个亭内装饰豪华，有龙旗、灯笼、围栏等中国元素。目前在国外存在的最早的中国亭是1738年建造在白金汉郡的斯特花园中的亭。现在，在英国人的庭园中，仍然有多处点缀着中国式的凉亭、桥、塔等建筑。所以，这种庭园又被称为“英国中国式庭园”。后来，英国建造的中国亭大多是建造在水边或者水中，以便于垂钓或者划船。如理查德在特维肯汉姆的草莓堡设计了三角形的凉亭，门口局部采用了哥特式，四周完全通透的重檐翘角亭则是典型的中国亭建筑的风格。该凉亭充分体现了西方建筑对于中国建筑艺术风格的吸纳和借鉴，也是中国文化影响世界的明证。

第二章　台

一、台之诞生及分类

1. 台之诞生

在中国古代，人们经常会遇到暴风雨等自然灾害的袭击，由于不知发生的原因，于是人类就会对自然灾害产生了一种恐慌感，以及一种对冥冥上天与苍茫大地的崇敬之感。再加之农业经济的影响，人们更是加强了这种对天地自然的崇拜感，于是便逐渐发展出对天、地、日、月的祭祀之礼。古代帝王多把自己比作天地之子，皇帝就称自己为“天子”，认为自己的统治是受命于天意，因此古代对天地的祭祀活动就成为中国历史每个王朝的重要政治活动,《礼记》中规定:天子祭天地,祭四方,祭山川,祭五祀,而诸侯只能“祭山川、祭五祀”，可见祭祀天地在古代成为帝王的专权。古代祭祀活动大多在露天场所开展，原因是那里更加接近自然，并且远离凡尘的喧嚣，能够增加祭祀的肃穆感。为了体现祭祀仪式的隆重，一般会在祭祀场所的中心，自地面上堆筑起一个高出地面的土丘作为古代帝王特定的祭祀地，这就是祭祀所用的坛，也就是古建筑的台之雏形。

后来，明人计成《园冶》卷一中写道："园林之台，或掇石而高上平者；或木架高而版平无屋者；或楼阁前出一步而敞者，俱为台。"此处所讲的台即一种露天的、开放性的建筑。其上可以没有建筑，仅供人们休息、观望、娱乐，也可以于其上修建建筑物，以台为基础的建筑从视觉上显得雄伟高大。建在不同地貌基础上的台分别称为天台（建在山顶）、挑台（建在峭壁上）、飘台（建在水边）等，表达不同的审美风格，与帝王所建的台有了区别。

中国古代的台式建筑始于周，发展于春秋、战国，至秦汉时期已日趋完善，其形式样貌也在不断地丰富。

2. 台之类型

根据台的功用的发展变化对其进行分类，台的功用起初就是为了祭祀天、地、日、月之神以祈求得到上苍的保护，希望人间得到一个好的收成。而随着社会的发展，生产力的提高，生产关系也发生了变化，帝王为了巩固自己的统治，会利用鬼神来迷惑人民，为此而大肆修建祭祀用的神坛。他们又时常出去狩猎，为此就会建造雄伟远望的高台；他们需要防御和他们敌对的民族或部落，为此就会建造防御用的堡垒、场垣和烽火台等等。

下面简单谈谈台的类型。

祭台

古人认为，人和神之间可以通过神坛或祭台来实现沟通，于是古代帝王就大肆修建高台，在高台之上通过祭祀上天以实现自己长期统治的愿望。随着社会的发展，台的功能一步步演化出其他更多的功能，但是最初建台之时的功能，就是为了祭祀。成都羊子山土台、古青原台、天坛等都是祭台。

升仙台

古代台与道家多有联系，道家筑台为了求仙，为了方便与神仙对话，于是台便有了宗教意义。比如初阳台、红台、白台等。初阳台是一座与道教有关著名的台，处于葛岭，相传是晋代的葛洪隐居地。后人为了纪念他，还保存了炼丹台、炼丹井、初阳台、抱朴庐等遗迹。葛洪，今江苏人，幼年丧父母，家道贫寒，

老子升仙台

起初漫游吴越名山，当他来到杭州时，看见两峰高峙，西湖秀美，决意隐居此地。岭下可以结茅隐居，岭上可以静坐修道，他集各家炼丹之术，著成《抱朴子》一书，宣扬的虽是神仙道养之法，实际上也总结了自古以来冶炼、化学和医学各方面的知识。初阳台，也就成为纪念他的名胜之地。

观星台

观星台实际上就是古代的天文台，是一种高大雄壮的高台建筑，早期用于祭祀，向上天祈求风调雨顺，后来主要用于观察天象，因而就称为观星台了。在我国，有文献记载的天文台是东汉武帝（公元56年）

观星台

所建的灵台，是夯土所建而成。现在最著名的“观星台”，是由郭守敬于元朝初年修建的，距今已有700多年的历史。13世纪末，元世祖忽必烈统一了中国，为了进一步促进农牧业的发展，他于1276年任用著名的科学家郭守敬和王询，进行了一次规模巨大的历法改革，郭守敬认为“历之本在于测验，而测验之器莫先以表。”因此他就开始注意天文仪器的改革和观测，为此进行了大规模的“四海观测”活动，在全国建立了27座观星台，而登封观星台是当时的中心观星台。这座观星台由台身和量天尺两部分组成，台高近10米。它不仅可以测日影，而且可以观星象，“昼测日影，夜观极星，以正朝夕”，即中午测日影，夜间观星象，并以此来验证日食和四季。经过在观星台的实地观测，郭守敬编制出了当时世界上最为先进的历法《授时历》。

观象台

观象台其实就是观星台，也是用于观察星宿、气候变化的。现在的“古观象台”是指明清两代的天文观测中心，最早建于明正统七年。全部建筑由一座高十四米的砖砌观星台和台下的紫薇殿、漏壶房等组成，在青砖砌就的高大台体上，八件青铜铸就的宏大精美的仪器突兀在外，赫然耸立，很是美观，器身上雕刻着精美的游龙，徐徐浮动的流云，形象逼真。如今的“古观象台”已经成为一座古代天文成就的展览馆。台体内部是中国古代天文学的成就展，台下四合院中有很多图文资料，详细介绍了我国各地的灵台遗址，以及古观象台的变革和天文仪器的制造等等。

烽火台

举世闻名的万里长城最初的修建目的就是为了抵御侵略。在它上面就建有无数的烽火台，其中最大的就数“镇北台”了，其位于陕西榆林城北的山上，是西北地区的长城要塞。镇北台依山而建，巍峨壮观，

烽火台

气势磅礴，居高临下，因而与山海关、嘉峪关一起并称为长城的三大奇观。明万历年间，为了保护蒙汉通商的红山市，在红山之巅修筑了明长城上的最大军事瞭望台，至今已有400多年的历史。它有着4层正方形的夯土外砌砖石结构，体积是逐层递减的，它的坚固耐用，充分体现了台的使用功能。其他比较著名的烽火台还有雄踞山海关的“镇虏台”和极为险峻的“司马台”。

点将台

古代军队出征之前，军队统帅要点将，为了点将方便，同时为了提升将军的崇高位置，增加战争中的庄严气度，起到振作军心的目的，和增加庄严隆重的气氛，点将时要设一高台，统帅要立与其上点将。在很多情况下，点将台利用自然地势的高台而建。现存有多处点将台。当今四川成都，有一块平地突兀而起的方石，高约 20 米，形状如同高大的台，现已修复。相传是诸葛亮南征时的点将台，显示了出征前的那种威武、庄严的肃穆氛围。登台点将时，山鸣谷应，余音不散，在辽阔的天地间久久回响，威风凛凛，煞是壮观，大有气吞山河之气势。《史记·淮阴后列传》中记载：韩信年轻时常常寄食于“昌亭”。昌亭就在当今淮安市的郊区，那里有“韩信点将台”，高达 3 米多。还有陕西汉中城南的拜将台，传说是刘邦拜韩信为大将军而设的点将台。

韩信点将台

综上所述“台”的实用功能可以是多种多样的，有用于祭祀的，比如天坛、观星台、观象台之类；有用于战争的，比如点将台、拜将台、烽火台等等。多种多样的实用功能从视觉上来看，都是为了借助高台的庄严造型，来提升人们敬仰、崇拜的文化心理，以加强凝聚力。

二、台与中国人的宇宙观

台与中国人的宇宙观有密切的联系。早在上古时期，中国的古人便试图去了解宇宙，进而思考人类社会。中国的传统建筑，无论是用于生活起居的四合院，还是用于祭祀天地鬼神的建筑，都体现了古人对宇宙、对人生的哲学思考。中国古代的台多种多样，建筑形式不同，功能不同，反映的古人宇宙观也是不一样的。本章试以中国天坛和黄金台为例来论述。

1. 天坛与中国宇宙观

中国哲学宇宙观的精义是对在天地之间活动的人类言行提供一个根本方向性的指导，并最终达到一种“天人合一”的和谐境界。这一哲学宇宙观思想渗透在中国文化的方方面面，中国古代建筑形式便是其外在表现。在中国古建筑中能表现出这一哲学宇宙观思想的便是“台”了，建筑尤以明清两代帝王祭天祈谷的北京天坛最为突出。无论是木质的建筑，还是建筑下的高台，天坛从上到下都是圆形，他以完美的象征手法表达了中国哲学宇宙观，使建筑与哲学思想、艺术形式达到了水乳交融的境地。

天坛始建于明永乐十八年（1420 年）迁都北京之时，当时皇家实行天地合祭制度，故原名天地坛。明嘉靖九年（1530 年），颁立京华四郊分祀天地的新祭祀制度，因而 4 年之后天地坛便更名为天坛。

天坛由内外两重围墙环绕，整个建筑平面呈回字形，北面围墙高大，半圆形；南面围墙略低，方形。这是传承“天圆地方”说的古制，又寓意“天高地低”“天尊地卑”。南端的圜丘坛，是皇帝冬至时分祭天的场所，周围被两重矮墙环绕，内墙圆外墙方，又一次强调了天圆地方的宇宙观。两重矮墙四面正中均辟棂星门，每组三门，共 24 座，是 24 节气的象征。棂星，即灵星，又名天田星。《辞海》曰：灵星主谷，祭灵星是为祈谷报功。汉高祖刘邦始祭灵星，后来凡是祭天前先要祭祀灵星。棂星门多用于坛庙建筑和陵墓的前面，门框为汉白玉石造，上饰如意形云纹板，有“云门玉立”之美称。双层围墙和双层云门重重拥立，覆以蓝琉璃筒瓦的围墙，只及肩耳，门上云纹飘逸似乎天上白云触手可及，烘托一种踏祥云登临天界的清朗感觉。

人类社会的一切行为、制度、设施都受占统治地位的哲学宇宙观思想的制约。同样，天坛建筑从形制到祭天时的供品也无不出自古人对“天”“地”的理解。除了整体布局寓意天圆地方以外，古人称祭天坛为“圜丘”（音圆，同圆），祭地坛为“方泽”。明清祭天时的供品“苍璧”也依天圆之意，苍通青，为天的颜色；璧是中间有孔的圆形扁平玉器，玉是石之精，石是天地之精。敬献“苍璧”为祭天时必备的礼仪，象征着将人们创造的财富呈报于皇天上帝，故祭

天 坛

天典礼也称作“苍璧礼天”。天坛的建筑形制体现了中国天圆地方的宇宙观思想，中国古代统治者在天坛中祭天正是为了不忘天地“规矩”。连接圜丘坛与祈年殿的丹陆桥南低北高，祭天时，皇帝从南天门进入，寓意注重先后有别方能步步高升，即冬至祭天崇天道在先，孟春祈大地五谷丰登、万物葱茏在后。因此，体味古人对中国宇宙哲学观把握的用意，由南至北为天坛祭天仪式的最佳路线。那么古人为什么把祭天放在冬至这一天呢？古人根据对天象的观测发现，从冬至这一天起太阳开始向北移动，天由阴转阳，万物复苏，所谓“一阳资始，万物更新”，总结为《易经》乾卦卦辞的一般理论，即是“乾，元亨利贞”，意思是乾为天，尊天顺从天道，就会“元初安泰，亨通顺利，普受恩泽，永保太平”。这一重视初始、尊天顺天以致会影响未来的思想，通过围绕圜丘坛东南西北的四座坛门体现出来，它们分别是泰元门，昭亨门，广利门，成贞门。

由此，中国“天圆地方”“天人合一”的宇宙观思想通过天坛整体布局与具体的建筑构制中被传达、表现出来，成为后人取法天地而景仰膜拜的典范。

2. 幽州台与中国文人宇宙观

陈子昂是中国文坛上著名的作家，他的《登幽州台歌》表现出中国文人独特的宇宙观。公元 697 年，陈子昂以幕府参谋的身份跟从建安王武攸宜北征契丹，他屡次进谏提出攻伐之略，武攸宜不但不听，反而将他贬为军曹。陈子昂备感压抑痛苦，他路过燕京，有幽州台，又叫黄金台、燕台，故址在今北京西南。当年，战国时期著名的燕昭王，为报杀父亡国之仇，置黄金于高台之上，招揽天下贤士。乐毅、邹衍等聚至，黄金台由此而得名。陈子昂登临幽州古台，抚今追昔，俯仰天地，创作出《登幽州台》。“念天地之悠悠”强烈地体现了诗人的宇宙意识。《淮南子・齐俗训》中云：“往古今来谓之宙，四方上下谓之宇。”往古今来是指时间，四方上下是指空间。因此，宇宙意识是指人在面对永恒的时间和无限的空间所形成的宇宙时，反观人生而获得的认识和感触。纵观古往今来文人创作中的宇宙意识，其本意并非是要像哲学家那样去探究宇宙的本源，而是与生命意识相伴而生，与人生相观照。人的生命意识往往在与天地宇宙的观照对比中被诱发出来。天地之大（空间）、之无穷（时间），易引起人生之渺小短促的伤感。因此，古代文学作品中，宇宙人生的感慨并不鲜见。陈子昂的《登幽州台歌》，其宇宙意识不同于其他文人的偶尔为之，而是一种强烈的、自觉的、有意识的、明确的创作。陈子昂关注现实，感慨古今，体察历史盛衰兴亡之道，因此，其宇宙人生的意识除了其个体的、生命的、死亡的蕴意之外，更多的还含有社会的、历史的、哲学的蕴意。陈子昂登上幽州古台，面对悠悠之天地，独立苍茫，俯仰之间触动了他敏感的神经，一种因宇宙无穷、光阴飞逝而生命苦短、年华虚掷的生命失落感也油然而生。至此，生命意识与宇宙意识激烈碰撞，撞出了情感的冲天巨浪，表达出一种宇宙永恒的伟大和震撼之力量。

总之，台的建筑和中国人的宇宙观念有着密切的联系，天坛的建筑就是中国人宇宙观的具体再现，是“天人合一”的理念，也是中国人认识大自然、认识宇宙的纯朴思想。陈子昂的《登幽州台歌》表达了文人在浩瀚宇宙中的情感表达，也是中国人对于人与宇宙关系的真实看法。

三、帝王建台与文人读书台

中国建筑在历史的长期发展中，受封建礼制的影响，形成了独特的等级制风格。

首先，中国建筑多推崇“大屋顶”，这象征着封建皇权统治中国的权威理念。在这一观念中，“大屋顶”蕴含着中国文化中“大一统”“稳定”“秩序”的传统，表现出中国人稳定的建筑发展观，这种观念一直影响至今。为什么会形成这种观念？这和中国古代重视礼制的文化传统有着密切关系。

其次，中国传统建筑的平面组合的一个特点，就是以“间”为基本单位，组成“院落式”的建筑组群。房屋作为基本的空间单位，如果去掉装饰及尺度上的区别，则没有形式上的不同，其建构体系及内部空间如一，这种功能的“模糊”使建筑有了普遍的适应性。所以中国古代建筑在发展中，总体上一直是向平面方向发展，由“间”构成单体，由单体构成庭院，再由庭院构成建筑群。这种建筑群有种尊卑长幼文化

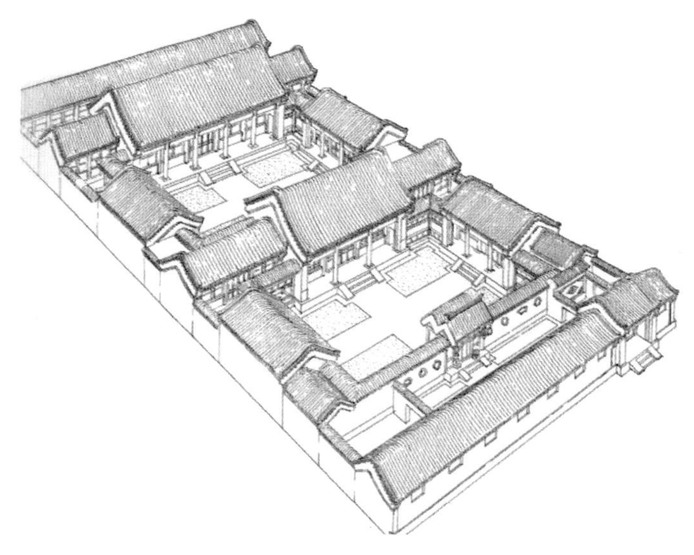

北京四合院俯视图

观念的界定。比如宅第中“前堂后室”的布局、四合院“北屋为尊，两厢次之，倒座为宾”的位置序列，在很大程度上，反映了儒家的伦理礼制思想。因为儒家学说把“礼”看作是人们一切行为的最高指导思想，礼制秩序不仅对君臣、臣民的尊卑关系有着严格的规定，而且对具有血缘关系的父子、兄弟、夫妇、长幼的人伦秩序也有明确的规定，因此根据礼制秩序所制定的规划、营建制度对宅第、民居功能、形式也同样有着深刻的影响。一般父母长者，居住在堂屋，子女居住在两厢，宾客居住在“倒座”（骈厦）。于是在院落的建筑安顿上，就预示了家庭成员的尊上卑贱的身份。

方正的大街小巷构成整个城市的居住风貌，人的主体活动主要在有围墙的内向院落中完成。而且，这并非功能所决定，而是千年来礼教意志所给予的影响，体现出中国建筑内向的意志倾向和礼制要求，这是中国人千年来的审美价值观。

中国古代城市从整体环境到建筑群的规划都是由相互隔而不绝的单元组成，这些主次单元串联起来，形成连续有节奏的合院群，以中轴为序列串联起来。每一院落相对独立，但远观又可见其整体性。其中每一院落及其建筑形式、数量、方位，象征使用者在家族中的身份地位，建筑群是不同院落的有序组合。然后，基于相同的原则，不同的建筑群有序组合而为城市。古代建筑既然以体现人文礼制传统为要，所以“明分使群”，既是人际关系的组织原则，也是建筑关系的组织原则，“家国同构”，既是人际关系的结构特征，也是建筑关系的结构特征。

总之，中国古代建筑是中国传统儒家文化伦理秩序的折射，也是中国人体现宇宙规律的特有表现方式，表达了中国人对建筑空间的感受和理解，它是对中国传统文化的继承，是中国建筑文化的精华，也是世界建设史上的重要组成部分。

1. 帝王建台

“台”作为我国古建筑的重要组成部分，并不是一般的诸侯或士子能够修建的，因为台在封建帝制的社会里代表着一定的政治地位，一般台都由帝王建造。古代帝王得到统治权后，势必想着使自己的统治得到不断加强和巩固，加之人们当时对上天的崇拜思想，于是古代帝王就开始修筑与上天可以拉近距离的高台，以求得劳动人民对他们的崇拜和仰慕，让人们臣服于他们的统治，因此高台就起到了一种为统治阶级的统治服务的功能，此时它所体现出来的价值就是社会伦理价值。

另外，凡是由帝王所建而成的台，还用来体现自己身份的高贵。君王们喜欢把宫室建立在高台上，除了有接近天庭、防御防洪的功能之外，亦可登高玩赏、寻欢作乐，满足他们向往在空中楼阁中仙居生活的欲望。因此高台建筑就充分显示出了为统治者服务的功能和价值。

大明宫遗址

古代帝王所建筑的高台，很多都是为了享乐而建的。据唐代陆广微《吴地记》说：“阖闾造，经营九年始成。其台高三百丈，望见三百里外。”这说的是吴王阖闾所筑的姑苏台，据记载，夫差为修建姑苏台，致使“民疲士苦，人不聊生”。历史上的越王勾践卧薪尝胆三年之后，终于灭了吴国。就在灭吴之际，越军一把火烧毁了奢华一时的姑苏台。《国语·楚语上》记载：灵王为章华之台，与伍举升焉，曰：“台美夫？”对曰：“……今君为此台也，国民罢焉，财用尽焉，

清 姑苏台

年谷败焉，百官烦焉，举国留之，数年乃成。愿得诸侯与始升焉，诸侯皆距无有至者。”其中“台美夫”表现出当时帝王非常在乎台高大的外在形式美，因为它不仅满足了楚灵王登高玩赏、寻欢作乐的需求，还满足了以楚灵王为代表的古代帝王们所向往的仙居生活的欲望。而对于建造台要动用多大的人力、物力和财力，他们全然不予考虑。因此伍举回答他：“举国营之，数年乃成，国民罢焉，财用尽焉，仅仅得到目观之美，何美之为？”

由此看到伍举已经对台之美有了更为深刻的认识。台之美不仅在其外部形式，更重要的是它的内在含义。高大的台和民间疾苦联系起来则被赋予了深刻的人文内涵。在伍举看来这有利于百姓富裕安宁、国家和平的，就是“善”的“美”的，反之，则不美。无论是祭祀所用还是观星象所用，或是军事所用，台如果能起到凝聚人心，有利于国泰民安的作用，则被认为是美的、善的，但如果只是为了达到统治者享乐的目的，那么台就是不美的，是不应该得到提倡的。

2. 读书台与文人之志

由于台本身所具有的高大平整特点，历史上很多的文人墨客往往利用人工建筑的高台或者天然形成的台，作为读书修身养性之地。历史上与文人有关的台有仓颉造字台、读书台、抚琴台等。它们都因文人对文字的崇拜而被建造，象征着文人的志趣，于是台与文人之志建立了密切的联系。

仓颉造字台

仓颉，号史皇氏，为轩辕黄帝左史官。传说他仰观天象，俯察万物，首创了“鸟迹书”，震惊尘寰，堪称人文始祖。黄帝感他功绩过人，乃赐以“仓”（仓）姓，意为君上一人，人下一君。

仓颉造字图

中国汉字的发明，结束了结绳记事，是华夏文明的里程碑。唐代诗人岑参在《题三会寺仓颉造字台》诗云：

野寺荒台晚，寒天古木悲。
空阶有鸟迹，有寺造书时。

这座“仓颉造字台”，大约是有关中国读书人的第一座台了。该遗址位于西安市长安区郭杜街道办恭张村东南，有一高约10米、周长100米的夯土台，外包一层青砖砌为砖台。南面为一宽8米角度为45度的斜坡，中间是3米多宽的水泥抹面，上书“仓颉造字台”5个隶书体雕塑大字。

弦歌台

弦歌台又名厄台、绝粮祠，是纪念孔子当年厄于陈蔡绝日弦歌不止而建造的。《论语》记载：“在陈绝粮，从者病，莫能兴。子路愠见曰：‘君子亦有穷乎？’子曰：‘君子固穷，小人穷斯滥矣。”东周时期，孔子曾三次来陈国讲学。最后一次是公元前489年，楚昭王派人请孔子途经陈国到楚国讲学。但孔子讲的大道理是让统治者如何治国的，让统治者如何如何管理百姓的，陈国的老百姓不愿意了，没等孔子到楚国见到楚昭王，老百姓就把孔子和他的弟子们围困在南坛湖的一个小岛上，不给他们吃喝，孔子和弟子们饿得头晕眼花。没办法，孔子和弟子们分头到湖边找吃的。孔子看湖里生长一种现在叫作蒲的植物，就拔出来，因为蒲上边的绿茎不能吃，而下边的蒲根细腻白嫩，脆甜可口，孔子就和弟子们吃蒲根，一连七日，孔子和弟子们就靠蒲根生活下来。因此这种蒲根就被叫作“圣人菜”。陈国的老百姓看到孔子七日不曾饿死，还整日给弟子们诵史讲学，便尊称孔子为真“圣人”。后来，陈国人就在孔子被围困的岛上建了一座圣人庙，名为“弦歌台”，弦歌台正殿两边的石柱上，镌刻着对联一副，为“堂上弦歌七日不能容大道，庭前俎豆千年犹自仰高山”，以教化后人不忘孔子一

弦歌台

生的困苦与艰辛。《史记·孔子世家》《韩诗外传》等都有对该故事的记载。现存的弦歌台，为清乾隆四十八年重修。

伏羲台

伏羲台又称“人祖庙”，是后人为了纪念祖先伏羲氏而建筑。该台位于今河北省新乐市北郊，传说中华人文始祖伏羲曾寓居此地，并于此创立诸多丰功伟绩。伏羲台是伏羲氏的生息之地，他曾于此继天立极，

伏羲台

通德类情，开天明道。万古文明始基于此，被后人尊为三皇之首。“帝尝巡游此地，集四方之民而化导养育之故，修台建庙以祀之”。伏羲台的主要建筑有龙师殿、六佐殿、寝宫、东西朝房、钟鼓二楼等近百间。台庙一体，高低错落，主配分明，结构严谨，有“雾锁蓬莱，日丽天堂，所谓燕赵中第仙宫者”之美誉。

伏羲台是华夏民族繁衍生息、发展壮大的见证。伏羲台的地层、地貌以及在此出土的石斧、石镰、古刀等文物都证明了伏羲台是新石器时期的遗址。根据伏羲台周围裸露大量的商周时期的砖瓦等建筑构件，经河北省文物专家考证，伏羲台的龙师殿、寝宫、六佐殿始建于商周。元大德五年（1301 年）六佐殿被维修。明嘉靖二十五年（1546 年），伏羲台庙已有很大规模，台高约五丈，正殿五间，寝宫三间，山门三间，司香火大小十五间，台庙所占香火地总约五十三亩。清顺治二十七（1660 年）重修伏羲台庙宇。后来，又对伏羲台、伏羲庙进行了维修。中华人民共和国成立后，伏羲画卦台被加固和维修，并根据原样重新制安了汉白玉石栏板，同时，伏羲台北侧浴儿池、葫芦头、浴池亭也被修复一新。

读书台

在中华大地上有多处读书台，比较著名的是诸葛亮读书台、李白读书台和卢肇读书台。它们是中国建筑史上读书台的代表，昭示着中国人对文人读书的敬仰和称颂。李白读书台位于四川江油市太平镇北，距市区 10 千米。因李白少年在此读书而得名。传说李白家住青莲场边的阴平古道旁，因常有商旅往来，不免受到尘世烦扰，影响读书。于是，他选中了让水河畔这座清幽秀美的小山。读书台建在山势秀美的巅峰，其势宛若一支毛笔指向蓝天。山上苍松翠柏，十分茂盛，山下平通河，清澈见底。五代前蜀诗人杜光庭游览读书台，凭吊太白遗迹后，写下了“山中犹有读书台，风扫晴岚画障开。华月冰壶依旧在，青莲居士几时来”的诗句，表达出他对李白读书行为的崇拜之情。

以上记载的台与读书的故事，不仅是中华建筑形式的体现而且还是对“先天下之忧而忧，后天下之乐而乐”文人精神的赞扬和认可，更是儒家文化在中华大地根深蒂固影响力的明证。因此，台不仅仅是一处高而平的建筑，也是中国人尊重知识、尊重人才的体现。

四、台之美学思想

“台”作为我国古建筑的重要组成部分，忠实地记录了历史的沧桑岁月、风雨历程。它融会了建筑之美和历史风情，其高耸挺立的外观形式也足以让我们领略到其中的美，还让我们切实感受到了历史与文化的交相辉映，以及社会价值。由此可见古建筑“台”不仅仅存在着美学价值，它还存有着政治价值、社会价值、认知价值，等等。

在中国传统文化中，天地日月四神之祭中祭天最为重要，也最为隆重，最为讲究。古代帝王为了满足自己在祭祀方面的需求，大肆兴建高台，一来通过高台的外观形式缩短了自己和上天的距离，更有利于维护自己的统治。二来显示自己的权威给百姓以崇拜和仰慕之感。三来可以在此寻欢作乐，并且显示其权势和威力，强化自己的极权统治。台愈是高大愈是能够显示出祭拜者的虔诚之心和神圣之意，也愈能拉近帝王和上天的距离，帝王才会认为自己的权势会越长久，会更得到百姓的崇敬和臣服。随着社会的发展，古代帝王在精神上的要求也愈来愈高，于是台被进一步强化祭祀功能的同时，也在向着更多方面的功能演化着，由最初的祭祀功能进而演变出现了娱乐、观战事、招贤、纪念先人等等功能。许昌毓秀台即是如此。

从台的艺术价值上看，台所带给我们的形式之美，分为内在形式的美和外在形式的美。其内在形式主要是指其内在结构、组织以及各要素之间的联系等等，而外在形式主要是指其内在形式的感性外观形态。美学角度上的形式美是指美的外在形式的净化和提升，具有相对独立的审美客体，它是有着一定色彩、线条、形状等的有规律的组合和安排，而古建筑“台”是如

许昌 毓秀台

何给人这样一种美感的呢？台的高大外观之形式和人的内在情感结构形成了一种相对应的结构，进而带给人们一种审美愉快，不仅使人将周边景物皆收眼底，而且还能使人产生心旷神怡之美感。正所谓“登高而招，臂非加长也，而见者远”。可见台不仅愉悦身心，而且还能增长欣赏者的见识，给予欣赏者更高层次的美的享受，满足了审美心理机能与对象形式结构达到了完美统一的审美期望，使得感性与理性达到对应统一，实现了台的美学价值，引起人强烈的审美感受。

另外，台最初之功能就是统治阶级为了祭祀上天祈求风调雨顺、五谷丰登，祈求他们的统治天长日久，以彰显他们高于他人一等的身份。因此台所能体现的外在形式必有一种高低贵贱之分，必有一种位尊位卑的身份显示。因此在古代只有天子才能祭天，而诸侯只能“祭山川”，这足以说明礼仪在古代居首要位置。高大的台也因此而产生，满足了古代帝王们的精神要求，充分显示了他们登临高大台顶的权威，从而也就自然形成了一种台上人和台下人之间的高下关系，正是这种高下关系使得台的美学价值就更具意味和品位。

著名的北京天坛，是用来祭祀上天的，天坛的祭祀建筑群由寰丘建筑和祈年殿两组建筑构成。而寰丘是专门用来祭天神的。每年的祭天大典由皇帝亲临主

北京地坛

祭，坛前的灯杆上高悬着称为望灯的大灯笼，而在寰丘的东南特设又一排香炉，炉内放置松香木和桂香木，专门用来燃烧祭天用的牲畜和玉帛等祭品，祭祀时香烟缭绕，鼓乐齐鸣，给人们带来一种崇高神圣的气氛。

台之目视之美，形成了一种台上和台下人之间的高下关系，由此再去品味台所带给欣赏者的深层次的美，会真正体验到台的和谐之美。中国古代的坛庙多喜好广植松柏，因为松柏是常年青翠给人一种肃穆和崇敬的象征意义。为何这样说呢？天坛的苍绿环境，和白色、蓝色的建筑形象相映一体，使整个天坛具有一种肃穆、神圣和崇高的意境，给人一种和谐之美。

再如，凤凰台也是把建筑融于自然之中达到一种与天地的和谐，从总体效果上给人一种威慑气势和崇高的美感，呈现出一种天人合一的至臻境界。由此可

凤凰台

知“台”所展现给我们的不仅仅是它那高大平整的外观，重要的是登临高台之上它所展现给我们的美学力量。它能让人在极目远眺、放眼四方、饱览一切自然美丽之景观中感受大好河山之壮观，引发无数文人的豪情壮志，即使普通人登临台上之后也能豁然释怀，使久积不能发泄的情绪在开阔远眺的环境中得到释放，使身心获得愉悦，进而感悟到古台建筑台所带给我们的美感。

登高台除了能使人获得和谐美，还会让人体会崇高之美。登极高台，远视景物尽收眼底，除了能够带来身心的愉悦外，也会从中领悟到它的高大气势和雄伟之壮观，使人们倍感崇高之敬意。另外，台高大的外形凝结着劳动人民的艰辛，这不禁使人感喟良深，随即便会产生登临台上的壮观和崇高之感。比如，古之点将台，多在山谷高处，登台点将时，一声呐喊，山鸣谷应，余音不散，如虎啸长风，在辽阔的天地间久久回响，威风凛凛，煞是壮观，大有气吞山河之气势。充分让我们领略到当时英雄人物的波澜壮阔斗争之场景，也充分显示出了英雄即将奔赴战场那种崇高的威严之感。

最后，在论说台的艺术价值时，不能不说文人对台的审美文化心理。这里所说的审美文化心理，是人类在审美活动过程中审美意识的积淀和凝聚，代表了审美文化系统中的核心部分，体现在特定的审美需要、审美理想、审美趣味以及审美价值标准等等。台是中国的传统建筑，有的耸立于青山之上，有的依傍于江河之畔，有的点缀于园林之中，有的坐落于繁华之地。有的由人工夯土而成的，而有的则是由大自然的力量自然形成的，总之台是坐落在地势稍高的地方，并且始终和大自然紧密相依。这样一来台便可以构成视觉景物的趣味中心，二来可以观赏四周之景物，站在高处，自然可以让人们向之外的任何空间放眼四望，使台与四面空灵宽广的环境相互联系，而人在其中和谐互动，构成了一种整体的空间美。

文人对台文化精神的表达，不仅仅有满足消遣、娱乐的一面，还有陶冶情操、提升精神境界的一面。这时的审美就具有了一定的高度，能使人达到心领神会、神志彻悟的境界。台的高大平整呈现出一种壮观华丽之美，登临台上则更能抒发诗人和文人的豪情壮志，不仅可以愉悦文人自身的心情，还可使后人体会那种恢宏的气势或感慨的人生。比如李白登临高大台上的岳阳楼和朋友一起饮酒作诗为《与夏十二登岳阳楼》曰“楼观岳阳尽，川迥洞庭开。雁引愁心去，山衔好月来。云间连下榻，天上接行杯。醉后凉风起，吹人舞袖回。”诗人登岳阳楼极目远眺天岳山之南所见到的

明 岳阳楼（宫廷画）

景象，表现了乐以忘忧的闲适旷达襟怀。全诗运用陪衬、烘托和夸张的手法，从俯视、遥望、纵观、感觉等不同角度形容台楼之高。并将作者登上岳阳楼把酒临风，疏解心中苦闷的心情表达得酣畅淋漓。

类似的诗篇还有《登金陵凤凰台》。当年李白登上凤凰台后，他那种凌云壮志却无处施展的心情在诗中表达得是何等强烈啊！李白登高作赋，借古以喻今，借物以咏怀，抒发壮志难酬之感慨、奔腾澎湃之感情。那时那刻所表现出来的独特视角的文化心理，只能通过诗歌蕴含的审美理想和审美趣味表现出来。诗人登台远望，看到浩荡奔泻的长江水依旧滔滔向前，而昔日繁华早已灰飞烟灭了，凭吊历史，感慨当今，自不免产生对悠悠人生深沉的感慨。凭高远眺，自会产生一种想借诗歌抒发自己心中的那份有志难酬的感慨，凭借酒兴时而慷慨陈词，时而直抒胸臆，不仅满足了诗人自己心中的审美趣味，还可借诗歌实现自己的审美理想。《登幽州台歌》虽然只有短短几句，却在我们面前展现了一幅境界雄浑、浩瀚空旷的艺术画面。楼台高耸入云，诗人独立高台之上，临风远眺，面对雄伟壮丽的祖国河山，激情满怀，思绪万千，高亢而悲壮的生命之意味在最后的“独怆然而涕下”的诗句里展现得淋漓尽致，还体现出了诗人对宇宙时空的感叹！透露着浓重的悲情意识。

当代著名建筑中华世纪坛，旁边有涓涓清流，寓意着中华民族的历史绵延不断，历久常新。漫步甬道，人影便映入水中，溶于历史，犹如穿越五千年岁月，体味五千年风韵，中华世纪坛的主色调确定为黄、绿两色。所有人工建筑均为黄色调，突出了中华民族人文精神的内涵，以树木作为分割空间的手段，加之精心栽种的草坪绿化带，构成的绿色环境，营造出了天人合一的意境。这足以让我们能领悟到其形式上的美感，给人以崇高之意境，留给后人无尽的感怀和思索。

中华世纪坛

我们登临古台，身临其境地想象自己穿梭于历史碎片中，此时，名人志士登台时的场景被激活，深深感受到了台所传递给我们的历史文化信息。古建筑台来激活和强化我们对祖先生存状态的记忆，这时的台就给我们传递出了中国古建筑源远流长的细节性的历史风情和文化信息。

第三章　廊

一、廊的发展历程

作为古典园林中重要的构园要素——廊，具有很强的“粘接能力”。它作为室内外过渡的空间，可以起到分隔景致、划分空间、组成景区、形成透景、借景等多种形式布局的作用，同时其本身亦是庭园中一景，富有着精妙的意境。其作用主要体现在以下几个方面：

1. 交通联系的通道；

2. 作为室内各处联系的 “过渡空间”，增加建筑的空间层次；

3. 提供一个遮阴、避雨、休息、赏景的场所；

4. 可用来划分空间、组成景区，又在廊墙之间形成肩部小空间，打破墙面的闭塞、单调，使虚实相间，景色渗透，增加风景深度。

按不同的分类标准，廊可以分为不同的形式。按材质可以分为：木结构、砖石结构、钢筋混凝土结构、竹结构等；按结构形式可分为：双面空廊、单面空廊、

单面空廊

复廊、双层廊和单支柱廊五种；按平面形状可分为：直廊、曲廊、回廊；按其与地形、环境的关系可分为：平地廊、抄手廊、爬山廊、叠落廊、水廊、桥廊；按使用功能可以分为：休息廊、展览廊、候车廊、分隔空间廊等。

廊产生于何时，还有待进一步考证。但可以肯定的是，廊经历了一个从萌芽、发展到繁荣、衰落的过程。廊是我国古代建筑技术和艺术智慧相互渗透的体现，融汇了建筑美、艺术美与自然美。在明清以前，鲜有专门的园林文献，大多散见于相关的游记、园记、地方志、小说、笔记以及诗词绘画中。比如王羲之的《兰亭集序》，陶渊明的《桃花源记》，潘岳的《闲居赋》，

双面空廊

谢灵运的《山居赋》等，之后还有很多比如沈括的《梦溪笔谈》，李格非的《洛阳名园记》等等。

北魏的杨炫记述了北魏洛阳寺庙的营造盛况，记载了许多帝王苑囿和东汉之后洛阳的各种造园活动，为我们研究中国古典园林史提供了许多资料，但是，这些文献资料中并未发现有关廊的专门记载。

明代的计成先生首次对造园进行了系统全面的研究，在他的《园冶》中详细地描写了中国古代与造园有关的一些问题。对宅院、别墅等营建的原理和具体手法都做了详细的说明，其中在立基的第六节“廊房基”中有关于园廊的叙述：“廊基未立，地局先留，或爵屋之前檐，渐通林浦，山腰落水面，任高低曲折，自然断续蜿蜒，园林中不可少斯境界。”在第三部分屋宇的第五节“廊”中也有相关描述：“廊者，廡出一步也，宜曲宜长则腾，古之曲廊，俱曲尺曲。今予所措曲廊之字曲者，髓形而弯，依势而曲。或蟠山腰，或穷水际，通花渡壑，蜿蜒无尽……予见润之甘露寺数间高下廊，传说鲁班所造。”计成先生总结中国传统造园的精髓为：“巧于因借，精在体宜”“虽有人作，宛自天开”。表现了中国造园艺术的最高境界，也成为后人造园的指导思想。

明末清初时，文震亨先生编著了一本《长物志》，虽然书中谈到了一些园林理法，但可惜书中并没有直接论述园廊的设计，只是简略地提到廊与地形的联系。明朝钟伯敬的《梅花墅记》中也论述了许多园林中景观元素的理法：“钟惺出江行三吴，不复知有江，入舟舍舟，其象大抵皆园也。……水之上下左右，高者为台，深者为室；虚者为亭，曲者为廊；横者为渡，竖者为石；动植者为花鸟，往来者为游人，无非园者。然则人何必各有其园也。身处园中，不知其为园，园之中各有园，而后知其为园。”而清代李斗在《扬州画舫录》中则对园廊做了精辟的描述：“板上瓷砖谓之响廊，随势曲折谓之游廊，愈折愈曲谓之曲廊，不曲者修廊，相向者对廊，通往来者走廊，容徘徊者步廊，入竹为竹廊，近水为水廊，花间偶出数尖，池北时来一角，或依悬崖，故作危楹，或跨红板，下可通舟，递迢于楼台亭榭之间，而轻好过之。”该著作还对园廊的设计理法做了简要的概述。

其实，作为一种建筑类型的廊在商的建筑遗址当中就已出现。我国最早的宫殿遗址——河南偃师二里头夏商宫殿遗址便有廊的存在，中国社会科学院考古所的发掘认定，在河南偃师二里头遗址宫殿区距今至少有数千年，为已知的中国最早的宫城遗址。考古人员根据宫殿区内严密的中轴线、复杂的道路网络体系以及完备的宫城城墙遗址，把宫殿制作了复原模型。在复原的模型中，廊没有墙壁，从两面或单面可以看通，其空间方向性很明确，呈直线的导向性。通透性很强。因此廊的出现之初就是一种交通空间，将各个分散的建筑连接起来，构成整组建筑群。另外可借以防晒躲雨，以后各代廊的建设越来越多，唐代以后逐渐定型，成为“回廊制度”。

长廊建筑技艺在明清得到迅速发展并趋于成熟，而且审美情趣也得到发展。在颐和园里的长廊里游览时，会看到两侧一幅幅连续的景色，为了达到“步移景异”的效果，往往会在关键处做局部曲折，变换所看到的景物。又比如留园进门的一段廊， 通过几次局部转折，把古木交柯、绿荫轩等较为重要的景观或建筑放在节点处，从而在关键的节点形成景物的变换趋向。廊通过路径的转折，形成空间节奏的小高潮，移步换景，吸引着游人的视线不断前进。拙政园海棠春坞一侧的复廊，在两座单面廊中间用墙相隔，两面都可供游人行走，廊空间划分了两侧的景区，又通过墙上的花窗，把两面景色不同的空间联系在一起。由于廊的中介作用，园内不同空间似隔非隔，欲断还连，虚实相映成趣，表现出闲适的意趣。

总之，唐代后期廊迅速发展阶段。它身姿各异，长度不一，既为游客提供避风避雨的场所，又是众人游览活动的场所。园林里的廊，精美华丽，逶迤曲折，给人审美意趣上的独特影响。

二、廊所蕴含的人文思想

廊作为一种建筑形式，虽然是建筑上的概念，但它还是人们对生活的不同看法的体现，代表了中国人认知的外在表现和人们朴素的生活观。儒家思想从古到今影响着生活的各个方面，它提倡严格的尊卑等级制度，这一点我们从古代园林廊的设计也可以窥知一二。开间数、柱间距、屋顶样式都能在一定程度上反映廊的等级。檐柱的圈数越多，檐部进深越深，建筑等级也就越高。因此廊的作用可以用来区分建筑的等级，中国历史上留存下来的廊乃至构件细部体现了几千年封建统治以礼而治的森严秩序和纲常伦理，以及民族的深层意识和文化心态。虽然，现在的文献没有明确的表达，但颐和园的皇家长廊、《红楼梦》中的官员府邸的长廊则有着明显的差异。

另外，廊道注重诗情画意，并且注重审美。廊道运用曲折、断续、烘托、透漏、虚实等手法，表现出了其美学之道。廊道以表现自然美为主，同时又将人工痕迹自然化，做到了源于自然又高于自然。廊道的建造灵感来源于生活，它可以为行人提供遮阳避雨的场所，也可以用来休息赏景，为人们的休闲游玩增加了便利和趣味性。中国古典建筑往往会通过廊道的穿插，把园中的景色融入廊道之中。在园林中常常用廊道的曲折组成通透活泼的廊道，形成小桥流水般的意境。廊道狭长而通畅，弯曲而空透，两排细柱顶着廊顶。置身于廊道中，可以从不同的角度欣赏园林，通过改变空间视觉形态，扩大空间感受。从总体上说，廊道十分注重与周围环境相协调，构成和谐雅致的空间。

一般来说，南方私家园林的廊以小巧、自由、精致和写意见长，一贯以灵动的江南水乡气质著称，注意突显文化内涵，其中拙政园、留园、沧浪亭里的廊都不乏精品。以苏州园林为例，往往是通过长廊来将园中景致进行分割，行人在其中移步，常被激发出探幽访胜的情绪。私家园林均是仿皇家园林而建，只是规模比较小，风格比较朴实。但其游廊纵横，两侧的景物相互渗透，空间层次变化较多。而北方园林的廊则宏阔，规模比较大，给人以稳重、敦实之感，具有北国特有的刚健之美，有别于南方的精致小巧。其廊立面多以红色为主，间以墨绿，色彩富丽而深沉。廊富丽堂皇，曲折多变，高低起伏，弯曲而空透，随形而弯，依势而曲，蜿蜒无尽，给人一种流动的美感。廊空间细长通畅，纵向上给人强烈的方向感，常营造出深远的意境，激发出人的期盼心情和寻觅愿望。

此外，中国建筑受道家思想的影响，崇尚自然，追求闲适，强调“道”与“理”的内涵，寄托着回归人性本真与自由的理想。园林的出现，从一开始就是源自道家的出世思想。园林的建造者和拥有者也往往是注重修内的达官贵人、躲避官场的才子文士或是回避尘嚣的巨商。中国的造园灵感来自大自然中的山川河流、花草树木，在设计上追求诗画一样的境界，突出树无行次、石无定位，完全一派峰回路转、水流花开的自然风光。其布局千变万化，结构松散，完全打破规整式布局和轴线对称的特性，形成法无定式的布局特点。人工造园结合各种奇山瘦水、花鸟虫鱼，毫无定式和规律可言，形成了宛若天作的景观效果。而廊具有丰富多变的造型，其轻巧灵动的形象，可以被安排在山麓水边、花间竹旁，或可以将单体建筑物连接成一个群体，或可以随山顺水，按照山体的走势和水流的形态，形成曲折高低、参差错落、层次丰富、点染自然的艺术情趣。最典型的例子莫过于苏州拙政园的小飞虹了。这座廊桥也可以称为“跨水廊”，它西接得真亭，东通曲廊，既分隔了水面空间，又自成一景。廊桥倒影入水，虹影随波摇曳，影与廊交相呼应，丰富了水景的层次。在水平方向上，它使两侧空间互相渗透，松风亭、小飞虹、香洲，远景与近景交错，层次分明。

中国的建筑文化上也深深打下了儒家思想的烙印。儒家追求中庸和谐，讲究严格等级秩序的思想突出地体现在中国传统建筑的规划设计和布局上。“中正无邪”——方正规矩的建筑组群布局，可以很明显

拙政园小飞虹

地表现出尊卑之别的秩序。一般情况下，位于中轴线上的主要建筑都比较高大周正，突出庄严和尊贵的特点。而均衡对称的院落空间以及方整的院落格局则体现出长幼尊卑，规矩方圆的思想。在这样的布局形式中，直廊便起到了至关重要的作用。一般用直廊和曲廊将建筑单体结合起来围合成建筑组群的边界，这种在庭院中起联系作用的廊被称为连廊。大到皇家建筑，小到普通住宅院落，一般都首先按照礼制等级将各建筑单体严格定位，然后再以连廊连成一体，形成规矩方整的院落空间，表现出和谐而又不失尊卑秩序的特

颐和园的长廊

点。北京的故宫建筑群可谓是这种院落形式的典型代表。庞大的建筑群布局极为谨严，秩序井然。各个建筑功能都非常明确，各个建筑的居住人等级固定，突出表现了封建社会严格的等级礼制，更表现出帝王至高无上的权威。正是因为廊这种极为简单的附属性线性空间形态的连接，才使得原本孤立无为的单体建筑形成了一个宏大壮观、层层深入、等级森严而又秩序井然的院落空间，而各个院落之间统一中有着无穷的变化，变化中又高度的统一。中国传统建筑与廊的结合，在审美艺术上，还可以收到人对空间大小、高低、虚实和明暗的视觉对比效果，丰富空间感受。

另外，虽然诗词中对园廊的描述并不多，但是也不难找到。如拙政园中的小飞虹就取自南朝宋代鲍昭《白云》诗句“飞虹眺秦河，泛雾弄轻弦”。另外，关于园廊的诗句还有“九曲回廊转，圣景揽千山”“长江绕廊知鱼美，好竹连山觉笋香”等等，不胜枚举。从这些诗词楹联中不难看出，廊在园林中起着至关重要的作用。当然，园廊的设计在很大程度上也源于中国文学和绘画的优美意境，它不过是展现这种意境的载体，因为古时造园，往往是以诗为画，照画造景，所以是先依照了意境，再做景观，廊作为园林要素之一，自然也以此而来。

北京故宫直廊

在民间，人们对于廊桥有一种世俗的宗教式的崇拜，逢年过节，很多人都在这里祭祀，这种活动表现了人们的神仙崇拜和生死观念。人对建筑物的移情投射，反映了统治者的王权、礼制和封建秩序在廊桥里祭祀的渗透，体现了村民对精神庇护的寻求。在廊桥祭祀的形式中，“口彩”、禁忌、辟邪和符镇，都属于市井文化的范畴，也是中国民间人文精神的体现。

廊桥里的祭祀，并不针对专门的神灵，祭祀的形式也很多。通常廊桥里的祭祀体现了人们对素朴生活的信仰。求子、求福、求平安都是人们对廊桥的美好寄托。廊桥里的祭祀还包含了人们对河的祭祀，在建廊桥之时，人们都要祭河，以保佑廊桥的平安；在上梁之时，人们也要祭梁，以保佑廊桥梁的坚固；而廊桥完工之时，人们要祭廊桥，以保佑廊桥的坚固耐用。

《黄帝宅经》一书，开宗明义就说“夫宅者人之本。人以宅为家，居若安，即家代昌吉，若不安，即门族衰微。坟墓川园，并同兹说。上之军国，次及州郡县邑，下之村坊署栅，乃至山居，但人所处，皆有例焉”。这段话说得很概括，有三层含义：一是表明风水术极端重视住宅的环境，认为居住的“安”与“不安”直接影响到“家代昌吉”。二指明环境存在凶吉问题，制约人的祸福、安危。三是说明不论是都城、州府县城，还是村庄、坊里、民居，凡是一切有人活

廊桥祭祀

动的场所，都无一例外地受制于风水凶吉，把风水术的涉及领域扩展到包括所有城乡的一切人居环境。廊的选址同样涉及整个人居环境的凶吉问题。通过风水意识，我们可以看到古代中国社会对于建筑凶吉的极端关注，这表现在各个方面。在风水意识的支配下，建造廊时既关注廊内部的环境，更关注廊外部的环境；既重视地理位置的勘测，又注重人文思想的落实。

总之，在廊的人文思想上，既有儒家等级文化的渗透，也有民间文化的精神崇拜，还有传统建筑上的风水思想。不同的阶层，在接受廊对生活、审美精神的影响上，仍然需要从各个阶层的生存状态、宗教信仰、行为方式、风俗习惯上具体分析。

三、廊间之趣

廊最初是依附于主体建筑而存在的，其重要的作用就是遮挡雨水对主体建筑墙垣的侵蚀，所以，有理由相信，遮风避雨是廊最原始最基本的功能。在中国封建社会，建筑分布比较分散，而一般大户人家的房屋比较多，下雨天各个房屋之间的联系会非常不方便，所以为了人走动的方便和院落的围合，以遮风避雨起交通作用的廊便应运而生了。

中国古代廊的建造灵感多来源于生活，它不仅可以为人们提供遮蔽风雨的场所，也可以用来作小憩观赏之用，提供了便利且增加了趣味性。廊本身形态变化万千，精巧的体型，流畅的线条，精美的挂落，多变的漏窗，或盘山腰，或临水迹，或掩映在绿树红花后，或转折于郁郁青山间，充满了艺术美感，可以说它自己就是一道亮丽的风景线，是园林中的一个景点。园廊中通常会设置栏杆坐凳，供人休息观景，人静坐在园廊中，欣赏着满园的怡人景致，别有趣味。而走在园廊中，又呈现出一种动态观景效果。它的各种组成如墙、门、洞等，是根据廊外的各种自然景观形成廊的对景、框景，空间的动与静，延伸与穿插，道路的曲折迂回等等。比如颐和园的长廊，它修长的身姿、别致的造型，上面惟妙惟肖、精美绝伦的绘画，变化丰富、设计精致的漏窗都使它成为一件绝世的艺术珍品，成为园中夺目的景点之一，而行走在这长达728米的长廊中，步移景异的色彩令人目不暇接，时而宽敞，时而紧致，使游人如在画中游。

“廊”之趣在于注重诗情画意之美感。廊道善于运用“曲折”“断续”“烘托”“透漏”“虚实”等手法，表现其美学之道，表达中国文人的审美雅趣。比如，在中国古代小说中，描写园林较多者有《西厢记》《红楼梦》等，而其中尤以《红楼梦》为甚。如第十七回“大观园试才题对额，荣国府归省庆元宵”中，“一径引人绕着碧桃花，穿过一层竹篱花障编就的月洞门，俄见粉墙环护，绿柳周垂。一入门，两边都是游廊相接，院中点衬几块山石，一边种着数本芭蕉，那一边乃是一棵西府海棠，其势若伞，丝垂翠缕，葩吐丹砂”。又如“……因见两边俱是抄手游廊，便顺着游廊步入，只见上面无间清厦连着卷棚，四面出廊，绿窗油壁，更比前几处清雅不同”。在这里，“抄手游廊”“出廊”都是从一个主体建筑到另一个主体建筑的衔接建筑。它们把巨大的空间隔开，形成比较环围的院子，再在院子里种植花木，用庄重厚朴的游廊配以葱茏多姿的海棠、芭蕉，营造出虚实相映的审美趣味，令人在空间的穿梭中，既能避风雨，又能赏花木，在相互烘托映衬中生动有趣，变幻多姿，体现出中国古代“廊”的实用价值和精神审美价值。

另外，中国的廊还有很多生动的传说和趣闻。作诗文与造园自有其相同之处，作诗文诗人多以山水景

北京四合院中的抄手游廊

观为蓝本，诗词为载体，触景生情，通过对其眼前景象的不断拓展，感悟其蕴藏的情感并将其表达出来。造园者与诗人有着相似之处，他追求的是“象外之象，言外之意”，通过意境表现承载造园者的内心情感、人生体验及其想象，然后通过所造之物将其表现出来。造园者通过对自然景物的概括和提炼，赋予景象以某种精神情感的寄托。如退思园中的九曲回廊，它的每一堵墙漏窗上都刻着小字，而将这些小字连起来就是“清风明月不须一钱买”的诗句。这九个大字，字体奇巧古拙，采用先秦金文，为秦始皇统一文字前的大篆，文句出于李白的《襄阳歌》：“清风明月不须一钱买，玉山自倒非人推”。这句诗高屋建瓴、言简意赅地表达了中国文人对于自然界与社会真理的看法，表现出那些壮志难酬的文人对躁动灵魂的安抚。真正的美好，来源于心胸的霁月清风、朗落自在，而那些权势高官的坍塌则都来自内心的欲望和贪婪。退思园修建于清光绪年间，是园主任兰生“引咎辞职”后建造起来的。《同里志》中记载，任兰生是当时历史上 40 个进士中唯一的武进士。据说在剿杀捻军时，任兰生因动了恻隐之心没有做到斩尽杀绝而遭弹劾，慈禧因此大怒，召他进京受审。当时他的好友左宗棠、彭玉麟得知后修书告诫他，无论慈禧说什么，只能答

“是”，切不可为自己辩解；如果慈禧问他今后怎么办，就说：“退而思过，进而报国”八个字。任兰生依计行事，果然逃过一劫。辞官回乡的任兰生专心修造庭园，退思园中的“菰雨生凉”轩中有一副对联：“种竹养鱼安乐法，读书织布吉祥声”，这是他当时的心理写照。这些点缀在园林的句子，充分昭示了园林主人希望在自然风景中慰藉心灵的心愿，体现了“景里藏廊”的审美趣味。

还有，中国的绘画里也体现了廊的身影。北宋画家张择端的《清明上河图》，是随着人的视点运动展

退思园中的九曲回廊

示的艺术长廊。在画面上，移动的景物，只要是人所关注的，它都可以在画面上表现出来。这种以“线”为表现主体和运动画面的特点运用到园林中则是“移步异景”的动态观景方式。而园廊以其特有的线性空间特性和灵活的造型，自然担起了园林中组景的骨架作用，曲折的长廊，通过线性空间的引导，对园林空间进行组织，使其形成主次分明、秩序井然、富有节奏，并且景色丰富、步移景异、引人入胜的园林空间。这样的风格，把绘画中的趣味和现实中的趣味合为一体，有独特之处，又有暗合之点，为中国的廊之趣又添新味。

总之，虽然廊的建筑位置并不似楼、榭那样突出，但因为它的交通作用和空间形状，在中国建筑史上，也有其独特的文化价值。

四、中西廊的同与异

古汉语中“廊”的语义复杂，经历了从“围墙”到“围合庭院的辅助用房”，再到“联系型建筑物”的演变过程。“廊”在中国汉字中为形声字，从“郎”音“广”义，在中国古汉语中，以“广”为部首的字多代表一边开敞的房屋，常作为辅助性或从属性建筑的部首。《汉书》中注：“廊，堂下周屋也。”《说文新附》中将廊解释为“东西序”。“序”指开头的，在主体正式内容之前的。

综合古代汉语和现代汉语对廊的概念的解释，“廊”其实就是指有屋顶的道路，既是以建筑为形式的道路，又是以道路为功能的建筑，是两者的结合体。根据对廊的定义可以看出，廊有两方面的含义，一个是屋檐下的通道，即主体建筑的附属物；另外一个是独立有顶的通道。

西方译文中廊的概念是通过汉语意译而来的。从这些译文中可以看出，西方建筑中将廊空间大致分为外廊空间、内部廊空间和独立廊空间三大类，与中国传统建筑注重外在形式不同，西方建筑更强调的是建筑内部空间和集中式的性质，因此，西方的廊很多是从内部空间的角度来定义的，例如翻译为“门廊”的“porch”以及被译为“走廊、回廊、通路”的“corridor”等。

总结中西方对廊的定义，可以看出，廊有两个方面的相似性：首先是线性空间特性，另一个是交通功能。廊的空间的长度明显大于其宽度，并且具有纵向延伸趋势的空间形态。长宽比越大，延伸性越强，线性特征就越明显。而在廊的概念中，屋檐下的过道或

厦门集美学校教学楼

独立有顶的通道，都具有线性空间的特性。其次是中介特征。“屋檐下的过道”指建筑主体内部空间与外界空间的中间空间部分，起到连接建筑内部与外部的中介作用。当然风景园林中具有的独立性质的廊的中介空间作用并不明显，其连接和导向功能更为突出一些。刘敦桢先生指出：“廊在园林中是联系建筑物的脉络，又常是风景的导游线……”廊实际是交通通道的空间化，代表着从一个空间向另一个空间的中间联系，交通性是廊最基本的使用功能。不管是中国还是西方，分隔和围合都意味着对空间的划分，而廊的隔断作用是通过一系列垂直界面实现的。

虽然在上述分析中，中西建筑和园林中呈现出很多共性的特点，但是中西方廊在文化思想、形态、比例上的差异性占主导地位。

1. 文化根源的不同导致中西方廊的差异

中国走自由的空间型道路，而西方走几何体的空间型道路。中国传统建筑中的“天人合一”思想使廊的设计呈现出与自然相融合的风格。儒家思想对廊的影响体现在“礼”“乐”两个方面，廊既可以表现出

鼓浪屿建筑中的门廊

严格的等级制度，体现尊卑有序的空间组合；又可以凭借亲切宜人的空间满足人们对“乐”的生活需求。而道家的“道法自然”的思想体现在建筑上强调“虽由人作，宛自天开”。正是由于这些崇尚自然的理念，促进了自由的建筑布局，从而促进了廊的发展。而在欧洲，古希腊哲学家毕达哥拉斯则认为“数为万物的本质，一般说来，宇宙的组织在其规定重视数及其关系的和谐的体系”。维特鲁威转述古希腊人的理论说：“建筑物……必须按照人体各部分的式样制定严格的比例”。西方受几何学、数学的影响，注重推敲其本身的比例尺度、数理关系，而廊空间具有立体化特征，其空间尺度包括高度影响着整体空间环境的塑造。

2. 建筑发展的不同导致中西方廊的差异

中国发展“分散型”式建筑，而在规则式园林建筑中，按照中国礼制等级制度，建筑单体严格定位，通过廊将各个建筑单体连接起来，并与檐廊一起构成形式统一的院落界面；在自由式园林建筑中，各种形式的廊将建筑单体构成曲折多变、错落有致的组群。数以千计的单个房屋组成波澜壮阔、气势恢宏的建筑群体，而在这种“分散型”的建筑空间形式中，廊成为必不可少的连接型建筑。西方强调“集中型”的单体建筑，开放的单体的空间格局向高空发展，采用“体量”的向上扩展和垂直叠加，由巨大而富于变化的形体，形成巍然耸立、雄伟壮观的整体，因而，群体间用廊连接的较少。住宅和修道院的中庭柱廊依附于建筑，只是作为建筑与园林的过渡空间，廊的连接作用并不强烈。城市广场建筑群中有的廊发挥连接作用，柱廊自建筑伸出，屏蔽周围的无序状态，使宏伟的教堂迸发出宗教的震撼力，如圣彼得广场的柱廊。

3. 营造目的的不同导致中西方廊的差异

中国廊的着眼点在“人”，中国园林的廊柱都不太高，倾向于轻巧玲珑，廊柱间的下部或用水磨砖做成空格（砖细镂空坐槛），或砌成坐槛半墙、上覆砖板、鹅颈椅，或做成较矮的木栏，上覆栏板，它们都体现了供人坐憩依凭的目的性。中国式的廊充满了人情味，体现了功能与形式的并存。而西方廊的着眼点在“神”，在庞大雄伟西方宗教建筑中，廊占据的地方都很大，挺然耸

俄罗斯冬宫中的内廊

立，神庙内外空间高度变化不大，但内侧柱较外侧柱数量减少，柱径变细，暗示着空间性质的改变，威严的神像呼之欲出，仿佛神性渗透于整个空间。西方的廊利用廊空间的深度追求立面阴影效果，纯粹成为形式上的空间。

4. 建筑时空观念的不同导致中西方廊的差异

中国廊体现动态特征，西方廊体现静态特征。中国廊空间的动态设计体现了时间进程中的流动美。张永和从网师园的曲廊领悟出其间体现的时间这一设计要素："小山丛桂轩两侧有曲廊，折四次，大约需走二十八步。如在两点之间画直线，约用二十四步。走二十八步需要的时间比二十四步多两秒左右，两点之间便增加了两秒的距离、曲折的路线又促成比在直线上运动更频繁的视线变化。如此，曲廊创造了一个大于实际丈量尺寸的空间，一个四维的空间。"这里曲廊的空间艺术反映出中国古典园林设计中蕴含的时空观念。

然而西方廊的横截面宽度大到足以为使用者提供一定的活动范围时，廊空间便开始显现出一定的静态

俄罗斯教堂前的曲廊

特征。在西方，廊多围绕城市广场和公共建筑而建，为人们集会、商业交易等所用。廊的径深一般都很大，廊柱又很高很粗，所以缺乏动感，大多数是均衡静态的。另外，西方廊从属于整个建筑的几何构图关系，一般是矩形或梯形，动态的设计自然就少，给人以静态的感觉。巴洛克时期倒是出现了多向的动态设计，但继之而来的却又是新古典主义的“静态复辟”。

5. 廊设计上的尺度与比例的不同导致中西方廊的差异

中国廊尺度比例较小，西方廊尺度比例较大。在中国，园林廊的平面尺度较小，有“四尺廊子”之说。皇家园林和私家园林廊的尺度相差不多，例如，皇家园林中颐和园的长廊长 700 多米，由于所处空间十分开阔，本身的长度较长，因此宽度也相应增加，长廊宽度为 2.29 米。苏州私家园林中的廊，一般净高不大于 3 米，常在 2.5 米左右，使人感到甚为亲切，也使游客的注意力不至于在高向上分散。柱径约 15 厘米，柱子细长比为 1:16 ~ 1:20，柱距往往 3 米以内，一方面是结构的限制，另一方面也是空间效果的需要。过疏则削弱了其深远的空间感，过密则失其通透空灵。而廊的宽度变化大一些，一般在 1.2 米 ~ 2 米之间。

然而，在西方，神庙廊柱的体量都很大，挺然耸立。柱子的粗细与柱子的底径及高度有一定的比例关系，柱子与开间的关系是：在由一列柱子组成的多个开间的建筑中，每根柱的距离大多是 1/3 柱高，也就是在一个三开间的建筑中，其柱高与面阔长度相等，整个立面形成正方形。廊柱一般高 10 米 ~ 20 米左右，柱距 1.2 米 ~ 2 米，柱子细长比例为 1:5.5 ~ 1:10。

住宅的中庭和修道院庭院的柱子高度、直径和中国古典园林的廊柱相仿。

总之，通过上述对中西方传统园林建筑——廊的比较分析，中国古典园林廊的设计无论是廊分割空间营造出深邃的意境，还是曲廊回环营造出曲径通幽的含蓄美，都对今天的设计有着很大的借鉴意义。另外，传统园林设计追求人与自然和谐相处，这是今天倡导的生态观的根源，反映出传统文化在现代社会的价值。而中西方廊的差异，也能够给中国廊的发展提供借鉴和新的资源，推动中国廊建筑的现代化发展。

第四章　桥

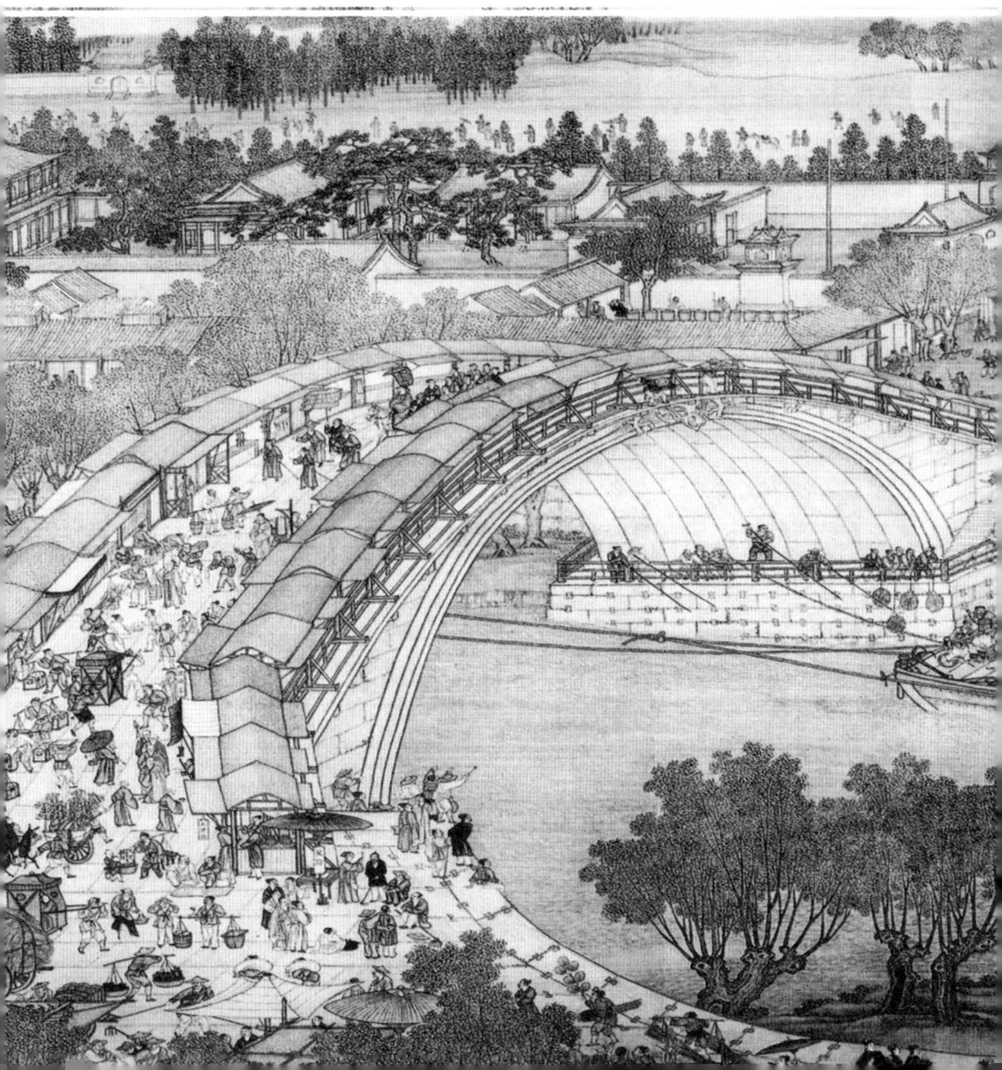

一、倒木成桥，天堑通途

中国是桥的故乡，自古就有“桥的国度”的称号。桥发展于隋，兴盛于宋。如今，遍布在神州大地的桥，编织成四通八达的交通网络，连接着祖国的四面八方。桥梁是线路的重要组成部分。在历史上，每当运输工

锦溪十眼长桥

具发生重大变化，对桥梁在载重、跨度等方面也就提出了新的要求，从而推动了桥梁工程技术的发展。

铁路出现以前，造桥所用的材料是以石材和木材为主，铸铁和锻铁只是偶尔使用。在漫长的岁月里，造桥的实践积累了丰富的经验，创造了多种多样的形式。但现如今使用的各种主要桥式几乎都能在古代建筑中找到源头。最基本的有三种桥式：梁式桥，悬索桥，拱桥。梁式桥起源于模仿倒伏于溪沟上的树木而建成的独木桥，由此演变为木梁桥、石梁桥，直至 19 世纪的桁架梁桥；悬索桥起源于模仿天然生长的跨越深沟可用作攀缘的藤条而建成的竹索桥，逐渐演变为铁索桥、柔式悬索桥，直至有加劲梁的悬索桥；拱桥起源于模仿石灰岩溶洞所形成的“天生桥”而建成的石拱桥，逐渐演变为木拱桥和铸铁拱桥。

我国古代桥梁最早文献记载见于公元前 13 世纪，其后《水经注》记有春秋时晋国公平年间（公元前 556—前 532 年）曾在汾水上建木梁木柱桥。秦代（公元前 221—前 200 年）建都咸阳，西汉（公元前 206—公元 24 年）建都长安（今陕西西安），那时所修建的渭河桥、灞河桥等，在《水经注》《三辅黄图》中都有记载。这些桥屡毁屡建，多采用木梁木柱或木梁石柱桥式，当桥的跨度大于木材长度时，曾使用悬臂梁式桥及拱桥。按南北朝时《沙州记》记载，在安西到吐鲁番之间，羌人曾修建单跨悬臂梁桥，称为“河厉”。其法是“两岸垒石作基陛，节节相次，大木纵横更相镇压，两边俱平，相去三丈。”为保持稳定，一般需在桥墩台纵横大木之上修建楼阁，用其重量压住悬臂的固端，如始建于南宋理宗宝祐六年（1258年）的湖南醴陵渌江桥便是如此。

在拱式木桥中，宋代虹桥构造奇特。据《渑水燕谈录》等书记载，知其始建于宋明道中（1032—1033年）。在宋代名画《清明上河图》上绘有宋代汴京（今河南开封）的虹桥。其承重结构实际由两套多铰木拱

《清明上河图》中的虹桥

各若干片相间排列，配以横木，以篾索扎成。其中一套多铰木拱拱骨包括长木 3 根，作梯形布置；另一套木拱拱骨包括长木 2 根，短木 2 根，作尖拱状布置。各木以端头彼此抵紧，形成铰接；一套拱骨的铰，恰好是在另一套拱骨长木中点之上；用篾索将两套木拱夹着横木扎紧，于是，两套木拱就形成了稳定的超静定结构。根据画面，估计此桥实际跨度大约为 18.5 米，桥上大车荷载约 3 吨。北宋之后，这一桥式建筑技艺传至浙江和福建等地。建于清嘉庆七年（1802 年）的浙江云和梅漈木拱桥跨度为 33.4 米，至今仍保持原貌；其两套木拱的布置和宋代虹桥稍有不同，宋代虹桥的横木是搁在两套木拱之间，而梅漈桥横木是置在每套木拱的铰接点处。

在河南新野安乐寨村出土的东汉画像砖中，刻有石拱桥图形，桥上有车马，桥下有两叶扁舟，证明当时已经修造跨河石拱桥。在《水经注》谷水条中，则对晋太康三年（282 年）所建成的旅人桥有这样的描述："桥去洛阳宫六七里，悉用大石，下圆以通水，可受大舫过也。"隋开皇十五年至大业元年（595—605 年），建成净跨 37.02 米、历 1300 多年而无恙的赵州桥。金明昌三年（1192 年）建成位于今北京西南的卢沟桥，共 11 孔，跨度 11.4~13.5 米，桥栏

江南小镇中的拱桥

上配有栩栩如生的大小石狮485个。13世纪来华的意大利人马可·波罗，在游记中誉其为世所罕见。北京颐和园内的十七孔桥建于清乾隆年间（1736—1795年），玉带桥建于乾隆十五年（1750年）。前者的拱洞随桥面缓和的上下坡从桥中向两端逐渐收小；后者则以两端有反弯曲线的玉石穹背高出绿丛。这两座桥都以同环境协调、使湖山增辉见称于世。

在长江以南，从唐代以来曾修建不少以弧形板石及横向长条锁石结成拱圈的石拱桥，以及巨型石梁桥。弧板石拱桥自重较轻，对地基承压强度要求较低，能在软土地基上采用。拱圈内的板石和锁石在榫槽相接

颐和园十七孔桥

处能发生小量相对转动以适应基础沉降和温度变化；此外，拱上夯实的灰土能在拱圈变形时发生被动压力，提高拱的承重能力。福建长汀水东桥（南宋庆元时修建，即1195—1200年）、江苏苏州宝带桥（始建于唐元和十一至十四年，即816—819年，在宋、明、清各代几度重修，现桥53孔，最大跨度6.95米）和浙江杭州拱宸桥（始建于明崇祯四年，即1631年，现桥中孔净跨15.8米）都是板石拱桥的代表。

福建泉州万安桥也称洛阳桥（跨越洛阳江），是石梁桥，现长834米，47孔，建于宋嘉祐四年（1059年）。在建桥时先顺着桥的纵轴抛投大量块石，在水面下形成一条长堤，在石块上放养牡蛎，待蛎壳和块石相胶结，它就耐得住风浪。在这水下长堤上，用大

泉州洛阳桥

条石纵横叠置（不用灰浆），形成桥墩，再架设石梁。福建漳州跨越柳营江的虎渡桥，建于南宋嘉熙元年（1237 年），其所用的巨型条石尺寸达 1.7 × 1.9 × 23.7 米，重量将近 200 吨。虽有几孔遭到破坏，并在其上方增建钢筋混凝土梁桥，但桥下尚存有原条石。

溜筒桥是一种比较原始的索桥，它是以木筒套在悬索上，从筒垂下两股皮绳及一横木；人骑横木，以手用力攀索，使筒沿缆索移动，人就能跟着过去。灌县竹索桥，为宋太宗淳化元年（990 年）所始建，清嘉庆八年（1803 年）仿旧制重建，名安澜桥，桥长 340 米，分为 8 孔，最大跨度 61 米（竹索现已被换为钢丝索）。大渡河铁索桥又称“泸定桥”，建成于清康熙四十五年（1706年），净跨100米。此桥现作为革命文物保存。

1876年英商在上海私修淞沪铁路，是为中国有铁路和铁路桥的开端。清朝末期修建的较大的铁路钢桥可以以京广（北京—广州）铁路和津浦（天津—浦口）铁路两座黄河桥为例。前者位于郑州以北，1905年

大渡河铁索桥

建成，原桥总长 3000 米，共 102 孔，包括跨度 31.5 米的下承桁架梁 50 孔和跨度 21.5 米的上承桁架梁 52 孔。桥墩由 8 根或 10 根底端各设一螺旋盘（直径 1.20 米）的钢管（直径 350 毫米）组成，凭人力将钢管旋入河底，入土深度只有 13 米～16 米，所以，一遇洪汛，桥身就被冲歪，桥面横向水平变位曾达 40 厘米～50 厘米，年年靠抛投大量片石于墩周进行抢险。到 1949 年，所投片石已超过 30 万立方米。后者位于济南泺口，1912 年建成，包括跨度 91.5 米简支桁架梁 9 孔的悬臂桁架梁一组，桥宽 9.4 米，净空可容双线，但承载能力不足，始终只能按单线行车。

现代桥梁以桁架梁桥为主。铁路桥跨度不大于 80 米者，一般按桥梁标准设计建造。跨度不大于 160 米者，一般用全悬臂法架设；跨度为 176 米和 192 米者，则采用悬臂拼装并在跨中合龙的方法架设。

中国古代桥梁建造的成就辉煌，举世瞩目，曾在东西方桥梁发展史中占有极高的地位，为世人所公认。但我国古代的桥，形式种类繁多，发展演变过程漫长，这恐怕就未必为人尽知了。近代以来，由于高科技的兴起，桥梁逐渐成为一门专业学科，其技术进步更是突飞猛进，形式更为复杂多样，其内涵和引申义也大为丰富发展。然而，无论现代桥梁如何先进发达，若追究其根源，均未超出古人所创造的梁桥、浮桥、拱桥和索桥几大类。由此可见古人造桥技艺的无穷智慧。

二、桥上姻缘

桥虽然是一种建筑，却因为它能够铺平地理位置的天堑，沟通陆地交通，所以，在文化内涵的延展中，桥又和人际关系中的男女之情联系在一起。最著名的桥是鹊桥。传说，牛郎爱慕织女，但织女是天上的仙女，按照天规要回到天庭才行。织女不得不离开人间，但牛郎痴情不改，挑着装着一双儿女的担子，追赶织女，王母娘娘手拿金钗在他们之间画出长长的天河，使他们夫妻各隔一岸，并且规定只有七月七日相见一次。来自人间的喜鹊跨越天河，她们用自己的身体和翅膀，一个衔接一个，搭成奇异的“鹊桥”，叫牛郎跨过银河，与织女相会。

但是，这样的桥是脆弱的，七月七日一过，喜鹊就纷纷回归人间，“鹊桥”也就不复存在，一直要等到来年的七月七日。

“鹊桥”的传说，已经奠定了桥和人类婚姻之间的关系。实际上，民间的很多桥都和婚姻爱情有关，最著名的是，西湖断桥和过江龙索桥。

西湖断桥，流传着一个浪漫凄美的爱情故事。有三个人们熟悉的身影——许仙、白娘子和小青。白娘子与许仙在断桥上相遇、相知、相爱，却因法海的介入，一座雷峰塔让有情人爱相隔，情难续。

断桥，今位于白堤东端。在西湖古今诸多大小桥梁中名气最大。地处江南的杭州，每年雪期短促，大雪天更是罕见，一旦银装素裹，便会营造出与常时常景迥然不同的雪湖盛况。春天来临，杨柳丝丝，鹅黄点点，黄莺嘀哩，隔树听之，别有情趣。

西湖断桥

过江龙索桥被称作“中国爱情桥”。海南亚龙湾过江龙索桥飞跨两山之间，长达 168 米，悬空数十米，为海南第一铁索吊桥。两头有林间石径，东面石径之后是有“爱巢”之称的鸟巢度假村（西区），因此它又有“情人桥”之称。走过此桥，感悟自然神奇，能够体验惊险刺激，考验爱情的真诚和炽热，在游玩乐趣中强化了人们对桥文化的认知。

云南丽江也有一座据说是缘起于私奔的桥，即位于金沙江上的“金龙桥”。据光绪《丽江府志稿》的记载，这座“古井里渡”的铁索桥，最初是由郡绅总兵蒋宗汉于光绪五年（1879 年）创建的。当地还留传有一段故事。相传蒋宗汉出身贫寒，少年时就去了鹤庆一家富户当长工，当他成人后相貌堂堂，并与富家小姐相爱。就像人们不难预料的那样，他们受到了来自家庭的阻力。一天夜里，他们牵着毛驴，带足了盘缠，便双双私奔，来到这个渡口求渡。不料渡口的艄公，却以“男女不能同渡，渡女不渡男，渡男不渡女”为借口，横加刁难，勒索钱财。后面追兵已到，他们无奈，只好让小姐上木筏渡江，蒋宗汉自己则抓着毛驴的尾巴泅水过江。到了对岸，他面对滚滚江水发誓，将来若有了功名，一定要在这里修一座桥，让千千万万的男女能够携手而过。后来，蒋宗汉从军数十年，终于功成名就，也如愿修建了此桥。

在江苏流传着这样的传说：两千多年前的一天，在江苏沭阳的霸王桥下，漂着一只轻灵小巧的淌淌船，船头有一位采菱姑娘举起衣袖，挽起裤腿，白皙的小腿没在水中的菱角里，伶俐而有节奏的采菱动作愈显其婀娜的身姿，焕发出风情万种的情调，她就是貌若天仙的虞姬。此时桥上匆匆走来一位英武的汉子，他的名字叫项羽。项羽看见船头的虞姬，他的脚步在桥的中间停住，船上的虞姬也时时向他送来秋波。突然，小舟一阵摇晃，倾翻在水中，项羽奋不顾身地入水救

江苏沭阳霸王桥

起了貌美如花的虞姬。当美人醒来时，已躺在英武的项羽怀中。从此，虞姬爱上了项羽的英武与率真，项羽也爱上了虞姬的才貌与善良的心灵。他们相遇、相知、相爱，世人因他们美丽的爱情而动容，那座桥也因他们的邂逅而被后人铭记。

可是，垓下一战，项羽粮尽援绝，自知败局已定。眼看美好的爱情难以继续，先是虞姬为疲惫的项羽舞剑殉情而去，继而项羽自刎乌江边，一对至爱的人就此放弃了桥，放弃了舟，为了温暖的爱情，微笑着走向冰冷的另一个世界。项羽自刎前的诗歌“力拔山兮气盖世。时不利兮骓不逝。骓不逝兮可奈何！虞兮虞兮奈若何！”让多少人唏嘘不已，在这简短的诗句里又包含着何等深沉的、刻骨铭心的爱！

之后，这座桥被后人多次修理、重建，现在还横跨在沭阳河上。

另外一个不容忽视的地方是程阳风雨桥。这座桥，是不费一钉一铆的建筑。它凝聚了侗族人民的智慧与汗水，也凝结着恩爱夫妻被花龙救护的动人传说。程阳，山清水秀的侗乡，一条江从村边蜿蜒而过，江上一座小小的木桥勾连两岸。某天 ，一对新婚不久的恩爱年轻夫妇过桥，河底却突然刮起一阵狂风，一下子把妻子卷走了。原来是河里的螃蟹精看上了那女子

程阳风雨桥

而作怪。丈夫急得在河边大哭，差点儿想投河陪妻子而去。哭声惊动了水底的一条花龙，他深深为男子的痴情感动，于是飞冲而出，施法将螃蟹精击杀，救出了女子，恩爱夫妻终于重聚。而后人为纪念花龙，就将河上唯一那座小木桥改建成画廊式的风雨桥，还在柱上刻上了花龙的形象，称它为回龙桥。由于它能让人躲避风雨，人们又改称它为风雨桥。后来，风雨桥成了情侣们幽会的好去处。在这里，侗族青年男女会伴随着流水声并肩坐在桥畔看着天空，享受浪漫的时刻。

综上所述，桥既是一个建筑的类别，又是中国人爱情文化的一部分。它在地理上铺平道路，勾连两岸，又在人类文化学上具有邂逅情人、考验爱情、忠诚家庭的内涵，还是旅游胜地不可分割的一个景观，既有实用的功效，又有文化的内涵，给中国建筑学上增添了绚丽的一笔。

三、诗人话桥

自然的山水美丽如画，桥在这样的天然图画中，更添神韵。杜甫《西郊》中的“市桥官柳细，江路野梅香”，白居易《河亭晴望》中的“晴虹桥影出，秋雁槽声来”，就描写了山光水色与桥共同构成的美丽画面。“桥”在各种文学体式中经常出现，是中国古代文学作品中常用的意象之一。

首先桥是构成画境的元素。如《送人游吴》中“君到姑苏见，人家尽枕河。古宫闲地少，水巷小桥多”。桥的意象在文学作品中的首要内涵就是通过展现桥的实用性和外在美，在文学作品中形成以桥为点睛之笔的优美画面，给读者以强有力的视觉冲击。

其次，桥是感伤情怀的艺术载体。一是表现离别、相思、旅途的感伤。如马致远的《越调·天净沙·秋思》：“枯藤老树昏鸦，小桥流水人家。古道西风瘦马，夕阳西下，断肠人在天涯。”二是抒发沧海桑田的历史感伤情怀。如李益的《洛桥》：“金谷园中柳，春来似舞腰。那堪好风景，独上洛阳桥。”三是通往理想境界的艺术符号。秦观在《鹊桥仙·纤云弄巧》写道：“纤云弄巧，飞星传恨，银汉迢迢暗度。金风玉露一相逢，便胜却人间无数。柔情似水，佳期如梦，忍顾鹊桥归路？两情若是久长时，又岂在朝朝暮暮。”

除了作为写景的重要元素，桥在古诗中可以凸显其题旨。唐朝诗人温庭筠的《商山早行》：“晨起动征铎，客行悲故乡。鸡声茅店月，人迹板桥霜。槲叶落山路，枳花明驿墙。因思杜陵梦，凫雁满回塘。”这首诗的声名远扬，主要得力于颔联。这首诗将代表典型景物的名词有机组合，创造出了一幅有声有色的乡野秋日早行图，诗句由十个名词构成，每字为一个物象。对于早行者来说，板桥、霜和霜上的人迹都是

西安灞桥遗址

有特征性的景物，诗人于雄鸡报晓、残月未落之时上路，可谓是“早行”，然而已经是“人迹板桥霜”，真是“莫道君行早，更有早行人”啊！这样不着痕迹就点明了诗的题旨。

桥除了在文学修辞上能够表达诗人的情感，更是传达出桥作为主体的诗意。以下选取几座典型的桥的意象作赏析。

诗人笔下的桥与美人。“青山隐隐水迢迢，秋尽江南草未凋。二十四桥明月夜，玉人何处教吹箫。”杜牧的这首诗让二十四桥名垂千古，诗因桥而咏出，桥因诗而闻名。《扬州鼓吹词》说：“是桥因古之二十四美人吹箫于此，故名。”据说二十四桥原为吴家砖桥，周围山清水秀，风光旖旎，常是文人欢聚，

二十四桥

歌妓吟唱之地。唐代时有二十四歌女，一个个姿容媚艳，体态轻盈，曾于月明之夜来此吹箫弄笛。二十四桥成为江南烟花之地最具代表性的象征。

由于自然因素，有水的地方就多有树，因此在中国古典诗词中，我们发现桥很自然地与柳树联系在一起。柳树常常与惜别、留恋相联系，而桥也多为送别地点的代表。因此在一些诗歌中桥代表的是一种相思——对远方的爱人、友人、亲人的思念之情。也很容易就勾起了人们对于离别的伤感情怀。如李白的《忆秦娥》中“年年柳色，灞陵伤别”，从古至今在灞桥上，不知上演了多少幕的人间分离。又如欧阳修的《踏莎行》，“候馆梅残，溪桥柳细。草熏风暖摇征辔。离愁渐远渐无穷，迢迢不断如春水。”在这里，桥的意象在此与柳联系在一起，它代表着送别，暗示着诗人将与自己心爱的人分离，一种愁思很自然的流露出来。

桥有的时候代表的并不单纯只是生离，而很有可能是一种死别。从民间文化层面看，桥更多地被人们用来在人与鬼神和死亡之间建立联系。传说，人死后要过奈何桥，走上奈何桥后就会忘掉前世的记忆。在古诗词中，“桥”这个代表生死的意象体现的是最刻骨铭心的伤痛。杜甫《兵车行》中“爷娘妻子走相送，尘埃不见咸阳桥”。此时呈现给读者眼前的是一幅震人心弦的送别图：兵车隆隆，战马嘶鸣，一队队被抓来的穷苦百姓，在官吏的押送下，要奔赴前线。征夫、爷娘、妻子乱纷纷地在队伍中寻找，呼喊自己的亲人，捶胸顿足。车马扬起的灰尘，遮天蔽日，连咸阳西北横跨渭水的大桥，都要被淹没了。在这里，桥充当了由生入死的媒介的象征。另外，诗人笔下的桥与山水有一种相得益彰的美。杜甫诗“市桥官柳细，江路野梅香”，白居易诗“晴虹桥影出，秋雁橹声来”等，就描写了山光水色与桥共同构成的美景。

在杜春生《越中金石记》中载有“光相桥题记”。光相桥在绍兴城西北，环城公路旁，单孔半圆形石拱桥，始建于元至正元年（1341年），因桥侧曾有光相寺，故名。桥全长30.28米，宽6.90米，高4.35米。石级桥面，两边各有21级，拱券为分节并列砌置，桥两旁置垂带，桥面两侧置坐栏，断面呈须弥座状。每边坐栏均用六只刻有覆莲的望柱隔断，末端置石鼓。拱石有莲花座图案，上刻有“南无阿弥陀佛”。该桥在清乾隆与嘉庆年间均重修过，靠桥端一根莲花瓣望柱上刻着“隆庆元年（1567年）吉日重修”字样。《秋晴忆越中光相桥故居》这样写道：“乡心且莫道林泉，即论城居也似仙。桥市玲珑隔秋水，山亭峭倩出寒烟。微风岩桂临街宅，落日湖上堰船。西寺钟声如旧否？

几时红鸟著僧边。”把桥与优美的山水风光融为一体，写出了隐居生活的逍遥自在。园林里有山有水必有桥，亭台楼阁，小桥流水，互相映衬，缺一不可。欧阳修的“波光柳色碧溟，曲渚斜桥画舸通”这两句诗就是写照。

总之，诗人笔下的桥充满了文人忧伤的气质和漂泊感，还有浓郁的离别意趣。而从诗歌意象上看，桥既被强调与柳的和谐，也有对其单独华丽雅致形象的描摹。在民间歌谣中，最著名的是《长坂坡》《断桥》《草桥惊梦》了，均刻画出了一个个爱恨交织的艺术场景。这些源远流长的诗词、故事，充分说明了桥在中国文化中的重要位置。

江南小镇中的桥

四、桥与民俗

走桥是我国很多地区都存在的悠久的民俗信仰。尤其是在边远山区，特色民俗走桥活动可谓是形式多样。可以说，走桥民俗是南北方多种民俗文化经过碰撞、交流而融合在特定封闭山区地带的继承和发展的结果。

关于桥与民俗的记载，明代的袁宏道在《十六夜和三弟》中写道："花火每攒骑马客，蜡光先照走桥姬。"再如清代陆又嘉在《燕九竹枝词·同咏》中写道："队队走桥深夜出，小姑双缠纤无力。"由此可以看出，搭载着民俗的桥有着源远流长的历史。

泸沽湖的走婚桥

走婚桥位于泸沽湖东南水域的草海区域，是泸沽湖上唯一的一座桥。桥下由于长年泥沙淤积，导致湖水变浅，长有茂密的芦苇，远远望去，像一片草的海洋，故被当地人称为"草海"。走婚桥是摩梭男女约会的

泸沽湖走婚桥

地方，泸沽湖畔的摩梭人奉行“男不娶，女不嫁”的“走婚”习俗。

整座桥蜿蜒曲折，单向伸至湖水深处，为男欢女爱提供幽静美好的环境。后来，这里成为旅游者必到的圣地。蕴含着人们对于生命繁衍的崇敬之情。

虎溪的相公桥

虎溪，吉水县城东恩江末梢的一条支流，虎溪发源于青原区富滩镇古富村北面。早在南宋末年，这条小江上就建有一座石拱桥，名为相公桥。关于相公桥，当地有一个传说：古富北面有一官道，过往人都得经过。南宋年间，一位才华横溢的相公骑马进京赶考，该相公踌躇满志，赶路心急，凌晨便来到这虎溪的简易桥边，策马上桥，由于原桥年久失修，破烂不堪，马行至中段，一脚踏在松动的石块上，失脚连人带马跌下丈许深的桥下溪水中。溪底怪石嶙峋，相公重重地撞在乱石上便一命呜呼。村民们闻讯很是悲痛。为了不让这样的悲剧重演，村民们下决心要在此建一座石桥。可那个时候，建一座石桥是需要大笔资金的，村民们实在太穷，尽管倾其所有，资金仍然远远不够。然而血的教训，让古富村民众耿耿于怀，造桥的初衷仍然不改。人心齐，泰山移。古富村民硬是勒紧裤带积攒了好几年，才把这座石桥建成。为了纪念这位前途无量的赶考生，人们便将桥命名为相公桥。不久，大家又在桥西面建了“相公庙”，以纪念这位命不该绝的相公，这才了却了村民们的一桩心愿。

安阳桥

安阳桥是安阳河上现存的最古老的桥。说起这座桥的年龄，虽没有赵州桥历史悠久，但也是饱经了元、明、清的沧桑，经历了从民国到当世的风风雨雨。那这座桥是谁建的呢？民间传说不是别人，正是一代传奇人物——明朝开国皇帝朱元璋。

话说朱元璋起兵反元，经历了千万次的战斗。可有一次，他却被元朝军队打败了，一败就败到了安阳河。令朱元璋无比伤神的是，安阳河上竟没有一条船。前有追兵，后有堵截，这个时刻该怎么办呢？说时迟那时快，正在绝望之中的朱元璋突然看到河面上出现了一条大鲸鱼，那条鲸鱼到底有多大呢？谁也没见过。于是朱元璋带着他的部队，登上鲸鱼背，顺利通过了安阳河。更神奇的是，当元朝军队赶来的时候，那条鲸鱼竟然转眼间就蒸发了。

脱险后的朱元璋暗暗下了决心，如果以后自己得

安阳桥

了天下，一定要在安阳河上架一座像鲸鱼一样的桥。后来，朱元璋果然当了皇帝，便让人在安阳河上架起了一座像鲸鱼一样的桥，这就是安阳桥。因为安阳桥的桥背有点像鲸鱼背，所以，站在安阳桥上看风景，就被称为“鲸背观澜”，因此成为安阳的著名一景。

竹林桥的传说

在汉水的支流清河上游，竹林桥镇的西头，有一座一孔两墩、青石铺底的小平桥。关于这座桥，还有一个神话传说。

话说清河小龙，常常到清河上游玩耍，每次出游，清河泛滥，一河两岸百姓就得遭灾。于是人们在岸边修建龙王庙，给清河小龙烧香上供，但河水照常泛滥。当地有一个叫朱林的小后生，凭着一腔血气，要跟小龙子算账。

这年秋天，小龙子又来了，洪水冲岸。朱林驾船搏浪寻找小龙子。他看到小龙子的身体像合抱的老槐，眼睛像灯笼，他的小船还没凑近，就被小龙子的尾巴掀翻落水。然而落水后的朱林仍紧握刀，连连向小龙子砍去。小龙子回头张开大嘴，眼看就要把小朱林吞掉。突然，一声巨响，从乌云里掉下一根大木头，不偏不倚，正好砸在小龙子身上。小龙子朝水里一钻，逃之夭夭了。

岸上早有一位白胡子老头等在那里。只见老头儿伸手一指，朱林手中的大木头，立刻变成拐杖回到老头儿手里。小朱林知道他不是凡人，赶紧跪下求教。老头儿扶起小伙子说道：“要想两岸平安无事，必须依靠大家的力量，修一座聚心桥，镇住龙子。架桥的时候，你就拿着宝剑守在岸边，千万不要和小龙子拼命，不然你就会变成大石头，再也变不回人了。”说完，老头儿把一对寒光闪闪的雌雄宝剑递给朱林，便飘然而去。

朱林拿着雌雄宝剑，动员两岸百姓，选定九月初九开始修建聚心桥。

清河小龙子听到了消息，初九这天也赶到了。他看两岸人山人海，架木垒石，吆喝连天，就在水中发威，搅得河水旋转，河岸倒塌，磨盘大的石头被卷进旋涡里，立刻无影无踪。朱林举起双剑向天空一划，小龙子逃进水中，可是朱林不顾老头儿忠告，也纵身跳进河水去追小龙子，只见两道闪电划破乌云，轰的一声，朱林变成了山一样的巨石，压在小龙子身上，雌雄宝剑也变成了两堵石墩，矗立在水面。

小龙子被镇住了，然而朱林再也没有回到人间。后来，人们在两堵石墩上建起了聚心桥，为了纪念朱林，人们又把聚心桥改名为朱林桥，随着时间的流逝，朱林桥也就传成了现在的竹林桥。

揭阳行彩桥

揭阳榕城“行彩桥”的风俗流传甚久。据《揭阳县志·俗志》所载，乾隆时即有这种风俗。据说从前有人梦见一位仙姑，仙姑告诉他某日洪水要暴发，在洪水到来之前，地上会出现一条五彩缤纷的桥连接天空，只要往桥上走，便可逃过灾难。人们照仙姑的话去做，果然免遭厄运。从此以后，在这一天，人们便以“行彩桥”的形式渡厄，祈求平安。古代揭阳县治榕城是水城，榕江南北河夹城东流，城中河道交错，有“浮水莲花”的美誉。自古以来，榕城的石狮桥一直被当地人视为中心桥，这是因为古时榕城被称为玉窖村，南北窖河称玉窖河，石狮桥就在玉窖河的中段，这种地缘的中心观念一代传一代，一直流传至今。现在，尽管城内搭的彩桥很多，石狮桥却仍是人人必行的一条彩桥。从“行头桥”开始，这里便人山人海，即使被挤得汗流浃背，走过桥去也便会心情舒畅，其乐无穷。

每年正月初十，榕城老城区的各座桥梁都会被装扮起来，挂上各式各样的彩灯，并在彩桥周围悬挂着成百上千幅绣有“合境平安”“竹苞松茂”“富贵吉祥”“国泰民安”“物阜民安”等字样的标旗彩幅，表达人们对幸福生活的祝福和对美好未来的向往。并且，还会在桥的两侧扶手栏杆和桥头柱子上，扎满榕树枝和竹枝。

完整的“行彩桥”仪式分三个回合进行。正月十一日晚开始的“行彩桥”，称为“行头桥”。当夜幕降临，华灯初上，人们便三五成群，扶老携幼，兴致勃勃地向彩桥涌来。“行头桥”时，人们都要采下桥头的榕枝竹叶，并各作几句如：“摘榕叶，日日有

揭阳榕城“行彩桥”

钱揸（拿）”拿回家后将榕枝竹叶插在门楣上，以祈带来好运。在“行头桥”的过程中，不同年龄的人用不同的祈祷语。如带着小孩儿的人会说：“行桥头（或摸狮头），阿奴事事贤。”未婚的小伙子说：“行桥肚（或摸狮肚），娶雅嬷（即漂亮妻子）。”姑娘们则会拿石块或竹枝掷溪中说：“掷（或行）桥中，嫁雅翁（即俊俏的丈夫）。”怀孕的妇女说：“摸桥（或狮）耳，生阿弟”……。正月十五日晚进行“行彩桥”的第二回合，称为“行二桥”。人们既闹元宵赏花灯，又“行彩桥”，但远远比不上正月十一晚上热闹。正月十六日晚进行“行彩桥”的第三回合，称为“行尾桥”，至此整个“行彩桥”活动结束。

洪阳的“行头桥”不像榕城的“行彩桥”有三个回合，它只是在元宵夜进行。在元宵这一天晚上，人们三五成群，男女老少先后走过彩桥。意在图个好兆头：行过太平桥，一年里便平平安安。后生祈望日后娶贤妻；姑娘祈望嫁个好夫婿；孕妇祈望产男孩；老者则祈求健康长寿；小孩子则祈求快点儿长大成人。这天夜里，人们从四面八方涌来，无论从哪个方向走来，都必须走过太平桥，而且过桥时切不可回头，因为“回头不吉利”。过桥的人们还有摸石狮的习俗。正在读书的小孩儿摸石狮鼻，谓“摸狮鼻，写雅字”；

少女喜摸狮头，谓“摸狮头，事事贤”；未婚的小伙子喜摸狮肚，谓“摸狮肚，娶雅嬷”；而已怀孕的妇女喜摸狮耳，则说“摸狮耳，生阿弟”等等。

具有浓厚地方色彩的“行彩桥”习俗，是潮汕一种重要的民俗事象，是潮汕人重要的传统节庆文化活动，蕴含着丰富的文化意义。

通过以上的分析，可以看出，中国人很早就体验到了“桥”带来的生活方便，在对桥的功能、形态、材质、样态等方面积累了丰富的建筑知识，建造出了风格不同的桥；既有曼妙风姿的廊桥，也有结实质朴的石板桥；既有轻盈的索桥，也有精巧的拱桥。它们都将桥内在的文化诗意优雅地体现出来。另外，与“桥”相关的神话，民间传说故事也均表现出了人们传统文化价值观。目前各个地方开展的与桥有关的民风民俗，对凝结公众力量，加强和睦思想的传播，建构民族意识一致性的传统理念起到了重要的作用。

结 语

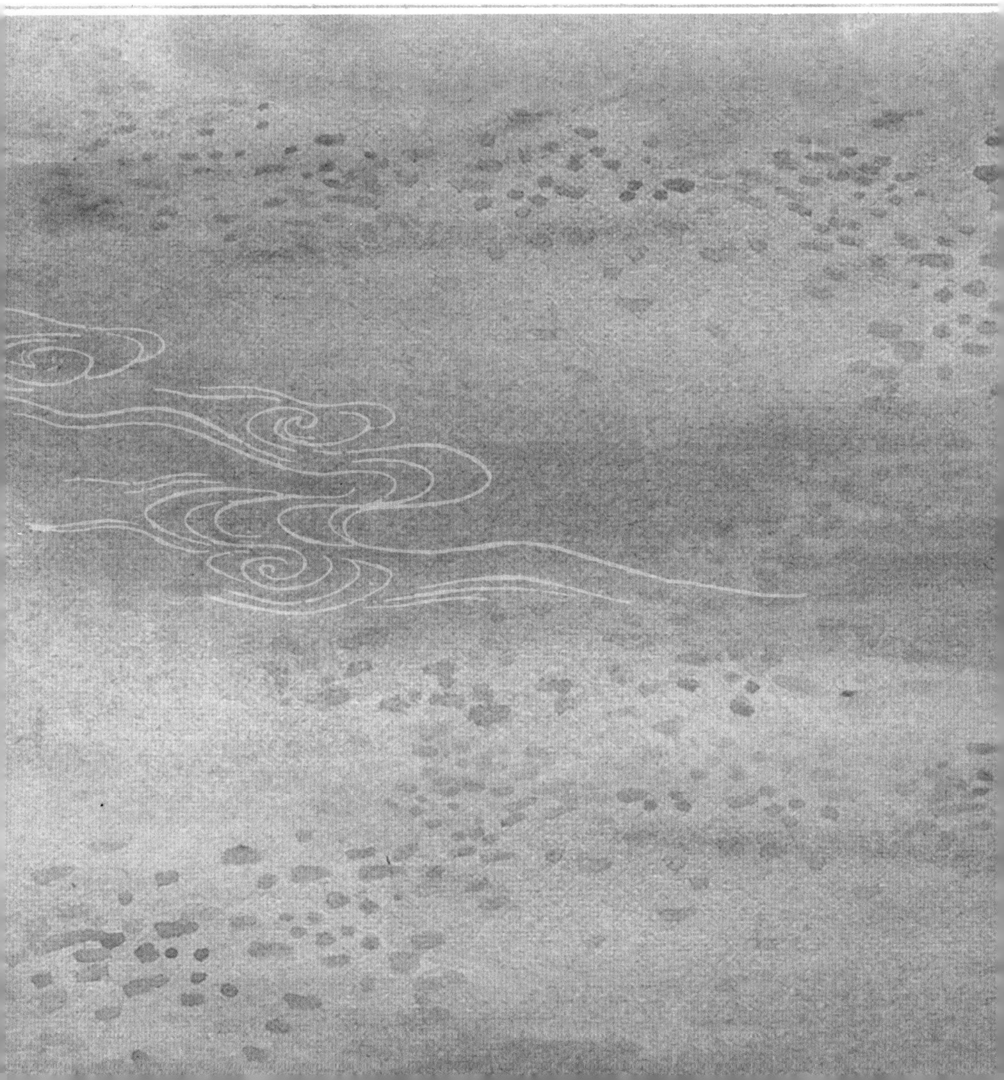

中国古代建筑中，有婀娜多姿的亭榭，有蜿蜒伸展的长廊，有雄伟壮观的台，有傲立水上的桥。它们没有宫殿的宏大气魄，也没有布局森严的屋舍的方正，可是，它们却有自己的独特价值。

多姿多彩的风韵古雅，隆重热闹的祭祀活动，各异其趣的风俗习惯，景文俱佳的审美情趣，都记载着这些建筑的丰富人文内涵。盘点中国古代建筑中的亭、台、廊、桥，既是梳理中国建筑文化的亮点，也是见证中国古代智慧的灿烂。虽然，现代人的生活已经发生了翻天覆地的变化，但那古色古香的诗句和精致美丽的建筑仍然以不可抗拒的魅力，吸引着众多华夏子孙，让人痴迷不已。尤其那些流传在民间的传说，伴随着大无畏的英雄精神，源源不断地流淌在一代又一代的华夏民族的血液中，缔造着中国人独有的价值观、人生观和审美观。

近些年来，随着对中国古代建筑研究热潮的兴起，中国式的游廊、亭榭、拱桥、祭台渐渐得到世界人民的喜爱，含蓄内敛的廊和装饰性的亭在世界各地纷纷涌现，成为园林建筑中不可或缺的艺术元素。并且，它们成为现代都市文化建设中不可或缺的一环，人们在这里娱乐、祭祀、祈福、会亲友、赏景色，赋予这种古老的建筑以现代感极强的公共活动职能。于是，传统意识和现代思想在这里碰撞、融合，共同缔造出幸福、和平、美丽的氛围，令古老的中国文化焕发出蓬勃的生机。